U0396158

中国文化遗产丛书

（第二辑）

关晓武◎主编

潞绸

技术工艺研究与传承

LUCHOU
JISHU GONGYI YANJIU YU CHUANCHEN

芦苇 著

APGTIME 时代出版
时代出版传媒股份有限公司
安徽科学技术出版社

图书在版编目(CIP)数据

潞绸技术工艺研究与传承 / 芦苇著. --合肥:安徽科学技术出版社,2022.8
(中国文化遗产丛书.第二辑)
ISBN 978-7-5337-6142-4

Ⅰ.①潞…　Ⅱ.①芦…　Ⅲ.①丝绸-丝织工艺-研究-山西　Ⅳ.①TS145.3

中国版本图书馆 CIP 数据核字(2022)第 119762 号

潞绸技术工艺研究与传承　　芦　苇　著

出 版 人:丁凌云　　选题策划:陶善勇　　策划编辑:王爱菊
责任编辑:期源萍　杜琳琳　　责任校对:戚革惠　　责任印制:李伦洲
装帧设计:武　迪
出版发行:安徽科学技术出版社　　http://www.ahstp.net
(合肥市政务文化新区翡翠路 1118 号出版传媒广场,邮编:230071)
电话:(0551)63533330
印　　制:安徽新华印刷股份有限公司　　电话:(0551)65859178
(如发现印装质量问题,影响阅读,请与印刷厂商联系调换)

开本:720×1010　1/16　　印张:13.5　　字数:200 千
版次:2022 年 8 月第 1 版　　印次:2022 年 8 月第 1 次印刷

ISBN 978-7-5337-6142-4　　定价:96.00 元

丛书编委会

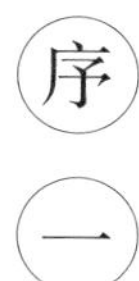

中国传统技艺源远流长，成就辉煌，它们和民众衣食住行、民俗民风紧密相关，对承续国家文化命脉和维系民族精神特质有着重要的作用。在现代化水平日益提升的今天，传统手工艺品仍在广泛使用，凸显出其现代价值。

随着现代工业化的推进和经济的转型，众多珍贵的技艺因人们缺乏保护意识而陷于濒危状态，有的甚至面临失传，保护传统技艺、探索传统技艺传承发展机制是迫切的社会需求。

早在 20 世纪 80 年代，我和谭德睿、祝大震等就一再呼吁要抢救并保护中国传统工艺，我们在一起承担了国家科学技术委员会和国家文物局的一项软科学课题，制定了《中国传统工艺保护开发实施方案》，并在 1995 年发起成立中国传统工艺研究会，联合专家、学者，在国家尚未立法启动保护传统工艺之前，先行将既有的研究成果撰述成帙，以备日后之用。据此，我们提出编撰《中国传统工艺全集》的构想。这个构想得到时任中国科学院院长路甬祥院士和大象出版社周常林社长的大力支持，并得以在 1996 年率先启动。1999 年，《中国传统工艺全集》被列为中国科学院重大项目和国家新闻出版总署的重点书目，路甬祥院士亲任主编。到 2016 年，《中国传统工艺全集》这套丛书编撰出版共计 20 卷 20 册，由 300 多位专家、艺人站在当代科学技术的高度，通过翔实细致的实地考察、常年的学术积累，以现代科技手段对实物和工艺流程做了分析论证，在此基础上潜心研讨，编集成帙。《中国传统工艺全集》记载了近 600 种工艺，涵盖传统工艺的全部 14 个大类，堪称国家科学文化事业的一项基础性建设。

2003 年，中国政府启动了非物质文化遗产保护工程，非遗保护工作在全国展开，迄今已有 1557 个非遗项目被列入国家级非物质文化遗产保护名录，共计 3610 个子项。其中，传统技艺有 287 项，计 629 个子项。2015 年，党的十八届五中全会通过的《中共中央关于制定国民经济和社会发展第十三个五年规划的建议》中明确提出，“构建中华优秀传统文化传承体系，加强文化遗产保护，振兴传统工艺，实施中华典籍整理工程”，这是传统工艺传承发展指导思想和理念的重大提升和转变。2017 年 3 月，为贯彻中央决策，文化部、工业和信息化部、财政部共同印发了《中国传统工艺振兴计划》，从国家战略的高度，擘画了传统工艺振兴的蓝图；2020 年，《中华人民共和国国民经济与社会发展第十四个五年规划纲要》提出“加强各民族优秀传统手工艺保护与传承”。《中国传统工艺全集》响应了社会各界了解传统工艺内涵和价值的迫切需求，为有关工艺申报名录提供了科学依据，对传统工艺的传承、振兴和学科发展起到了重要作用。

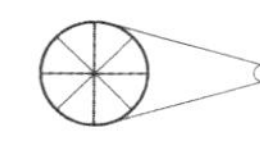

传统手工技艺具有鲜明的地方性、民族性特点，其内容的丰富多样超出想象，风俗、人文、材料、资源、技术环境和习俗传统的不同，都会极大地影响传统工艺的生态。西藏、云南、广西、贵州、新疆、内蒙古、安徽、北京、浙江等地，保存有多种璀璨的富有民族地域特色的珍贵工艺。现在，虽然学术界从学科、行业等不同角度开展了多种传统工艺研究，并取得了丰硕的成果，但地方性和专题性的调查研究还相对薄弱。

有鉴于此，中国科学院自然科学史研究所和安徽科学技术出版社自 2010 年起共同组织编撰出版《中国文化遗产丛书》，邀请国内几十位专家学者参加编写。《中国文化遗产丛书》旨在促进地域性和专题性的传统工艺调查研究，阐释其多元属性和价值内涵。第一辑已于 2017 年出版，包含《内蒙古传统技艺研究与传承》、《广西传统技艺研究与传承》、《黔桂衣食传统技艺研究与传承》、《新疆坎儿井传统技艺研究与传承》、《云南大理白族传统技艺研究与传承》和《中国四大回音古建筑声学技艺研究与传承》6 个分册，取得了良好的社会反响，并于 2019 年荣获“第七届中华优秀出版物奖”提名奖。第二辑在此基础上拓展了 4 个有代表性的传统技艺项目，编写成《北京传统油漆彩绘技艺研究与传承》、《马头琴制作技艺研究与传承》、《潞绸技术工艺研究与传承》和《北方传统制车技艺研究与传承》4 个分册，在地域性、专题性传统技艺的调查研究方面取得了新的进展。

王文超著《北京传统油漆彩绘技艺研究与传承》，基于历史档案、地方志、民俗志、科技史著作与实地调查获得的第一手资料，以北京市园林古建工程有限公司油漆彩绘队工匠与工程为个案，从宫廷传统、民间组织、行业信仰与技术、工具和图像的传承等方面，开展北京油漆彩绘技艺和行业文化研究，探讨北京传统油漆彩绘的装饰绘图所呈现的传统文化观念和民俗文化观念，揭示了我国传统油漆彩绘行业民俗传承方式及其知识系统的整体性特征和行业民俗文化特色。

赛吉拉胡著《马头琴制作技艺研究与传承》，基于文献资料、实地调查和对马头琴实物的研究，梳理了马头琴的起源与演变过程，阐述了传统马头琴和现代马头琴的制作技艺，从形制结构、尺寸比例、材料和制作工艺等方面比较研究我国内蒙古和蒙古国马头琴制作技艺的异同，进而分析国内马头琴制作技艺及相关文化的保护和传承问题，并提出相关建议。

芦苇著《潞绸技术工艺研究与传承》，运用文献史料与实地调研相结合的方法，从潞绸产生的历史文化背景入手，系统分析了传统潞绸的织绣染技艺，从技术与社会的视角分析这一技艺所折射的文化内涵，并从产业和区域发展的视角分析潞绸技艺的现状，为其传承与创新发展提供了可借鉴的路径。

李兵著《北方传统制车技艺研究与传承》，结合近现代方志等文献资料和实地调查，梳理中国古代制车技术的发展脉络，从技艺传承、制作材料、工具、工艺流程等方面阐述陕西、河南、内蒙古等地的传统制车技艺，进而探讨传统车辆现代变迁的动因，可为传统技艺研究提供重要实例。

十年磨一剑。经过十多年的努力，《中国文化遗产丛书》第一辑、第二辑得以相继出版发行，从新的视角审视和研究专题性传统技艺及其文化，采用新的技术手段阐释和揭示它们的技术内涵与机理，从更多角度反映中华民族丰富多彩的传统技艺。期望这套丛书有助于进一步推动地域性和专题性传统技艺的调查研究，为中国传统工艺的保护、价值提升和相关知识的传播做出更大的贡献。

是为序。

中国科学院自然科学史研究所研究员
中国科学技术史学会传统工艺研究会原会长
《中国传统工艺全集》常务副主编

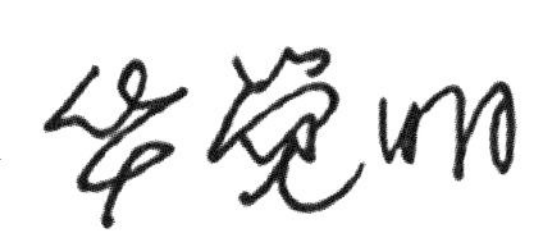

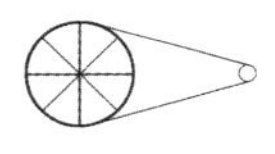

序二

中国是传统技艺大国。当今，中国传统手工艺具有以下两个特点：其一，许多传统手工艺产品依然在被广泛使用，且深受民众喜爱，显现出其重要的价值；其二，身怀绝技的老匠师寥寥无几，许多传统技艺濒于失传，保护工作亟待加强。传承、保护乃至振兴传统技艺具有十分重要的现实意义。

传统工艺源远流长，但被视作非物质文化遗产并加以保护的时间并不算长。20 世纪 50 年代，日本开始实施保护国粹计划，颁布《文化财保护法》，将戏曲、音乐、传统工艺及其他无形文化资产中历史价值较高者列为“无形文化财”，和有形文物一起列入文化遗产保护范围。1982 年，联合国教科文组织世界遗产委员会在墨西哥召开世界文化政策大会，首次使用“非物质遗产”概念。2003 年 10 月，联合国教科文组织通过《保护非物质文化遗产公约》，其中界定的“非物质文化遗产”包括传统手工艺。

华觉明等老一辈学者很早就注意到日本政府的文化遗产保护计划和措施，认为日本保护“无形文化财”的经验值得我国借鉴。1986年，华觉明、谭德睿等相关领域专家，提出了“抢救祖国传统工艺刻不容缓——中国传统工艺调查研究和保护立法的倡议”，呼吁抢救传统工艺。1987 年，华觉明与其他学者一起承担了国家科学技术委员会和国家文物局的一项软科学课题，制定了《中国传统工艺保护开发实施方案》，论证传统工艺的重要性，说明抢救保护工作的紧迫性，阐述日本的经验及其借鉴价值，提出了传统工艺保护开发的实施步骤和措施。1995 年，华觉明、谭德睿和祝大震等发起成立中国传统工艺研究会，策划开展中国传统工艺调查研究。1996 年，中国科学院自然科学史研究所牵头组织编撰《中国传统工艺全集》，后被列入中国科学院"九五"重大科研项目，由时任中国科学院院长路甬祥院士任主编，华觉明、谭德睿任常务副主编。2002 年编写完成《中国传统工艺全集》第一辑 14 卷 13 册，2004 年起陆续出版。2006 年首批出版发行的 7 卷获得中国出版协会评选的中华优秀出版物奖图书奖。2008 年第二辑启动，包括 6 卷 7 册，至 2016 年相继出版发行。《中国传统工艺全集》汇集了 300 多位专家、学者和手工艺人 20 多年的研究成果，记录 14 个大类近 600 种工艺，再现了诸多重要传统工艺，对一些濒临灭绝的工艺做了复原研究，详细程度和准确性远胜典籍，堪称《考工记》和《天工开物》的补编和续编。

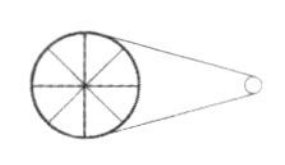

21 世纪初，我国政府启动了非物质文化遗产保护工程。2004 年，中国批准了联合国教科文组织的《保护非物质文化遗产公约》。截至 2021 年 6 月，国务院已经批准公布五批国家级非遗代表性项目名录，传统技艺是其中一个大类。《中国传统工艺全集》的出版对推动传统工艺的学科发展发挥着重要作用，为国家保护和振兴传统工艺提供了科学依据。2015 年，党的十八届五中全会提出"构建中华优秀传统文化传承体系，加强文化遗产保护，振兴传统工艺"，《中华人民共和国国民经济和社会发展第十三个五年规划纲要》提出"制订实施中国传统工艺振兴计划"；2017 年，文化部、工业和信息化部、财政部共同印发《中国传统工艺振兴计划》；2020 年，《中华人民共和国国民经济与社会发展第十四个五年规划纲要》提出"加强各民族优秀传统手工艺保护与传承"。这些重大部署，彰显了国家对传统工艺振兴的重视。

近年来，在我国不少地方仍赋存多种多样的传统技艺，而学界对地域性和专题性传统技艺的调查研究还相对薄弱，有待加强和深化。为此，2010 年以来，中国科学院自然科学史研究所与安徽科学技术出版社共同策划，并组织国内几十位专家、学者，大力开展地域性和专题性传统技艺的调查研究，编撰出版《中国文化遗产丛书》，以阐释地域性和专题性传统技艺的多样性特点，探讨风俗、人文、材料、资源、技术环境和习俗传统等关键因素对传统技艺发展演变的影响，呈现其丰富的文化内涵，展现中国文化遗产的多元属性和多重价值。

中国科学院自然科学史研究所是国际公认的中国科技史研究中心，在《中国文化遗产丛书》编撰工作中发挥了建制化优势，确保了编撰质量。参加编写的主要人员兼具理工科和人文学科的综合基础，有扎实的理论功底和较强研究能力，掌握了大量历史文献和相应地区传统手工技艺的线索，并对有关项目做过很多调查，有丰厚的学术积累，对于横向、纵向分析比较的研究方法有较为熟练的把握。2017 年第一辑 6 卷出版后，获得了较好的社会反响。《中国文化遗产丛书》第二辑包括《北京传统油漆彩绘技艺研究与传承》、《马头琴制作技艺研究与传承》、《潞绸技术工艺研究与传承》和《北方传统制车技艺研究与传承》4 个分册，著作者基于文献资料与实地调查成果，分别开展了北京传统油漆彩绘技艺、马头琴制作技艺、潞绸技术工艺和北方传统制车技艺的技术、文化及保护和传承等问题的研究，扩展了调查研究的范围和内容，取得了新的进展。

《中国文化遗产丛书》注意从多方面收集资料，讲究精选图片，不仅展现了技艺，而且表现了时代风貌和人物形象。同时，《中国文化遗产丛书》各卷还注重反映相应传统技艺项目的技术和社会人文内涵，包括行业规矩、组成、习俗、谚语、人物、代表作、历史沿革、现状以及人文景观等，采用跨学科、综合性的方法对所选择的传统技艺项目做多元化、多角度、图文并茂的著录，具有科学性、学术性、文献性和可观赏性。

《中国文化遗产丛书》的出版，有助于促进地域性和专题性传统工艺的调查和综合研究，有助于推动多学科方法和现代科技手段在传统技艺研究领域的应用，对增强全社会的文化遗产保护意识、传承意识，对展示中华优秀传统文化和促进中外文化交流都具有重要的价值。

清华大学科技史暨古文献研究所所长、教授
中国科学技术史学会传统工艺研究会会长

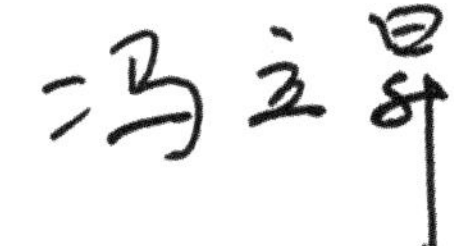

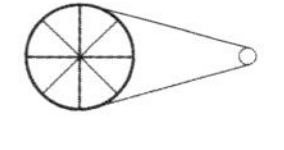

前言

中华优秀传统文化是中华民族的集体记忆和精神家园，体现了民族的认同感和归属感、生命力与凝聚力。党中央高度重视文化建设，始终从民族最深沉的精神追求看待优秀传统文化，从国家战略资源的高度继承优秀传统文化，从推动中华民族现代化进程的角度创新发展优秀传统文化，使之成为实现中华民族伟大复兴中国梦的根本性力量。从党的十五大提出“继承历史文化优秀传统”，党的十六大提出“发扬民族文化的优秀传统”，到党的十七大提出“要全面认识祖国传统文化”“加强中华优秀传统文化教育”，党的十八大提出“建设优秀传统文化传承体系，弘扬中华优秀传统文化”，再到党的十九大提出“文化兴国运兴，文化强民族强”，从继承、发扬、弘扬、全面认识到加强教育、建设传承体系等，我们对传承和发展优秀传统文化的认识在不断深化。

习近平总书记指出，“中国特色社会主义文化，源自于中华民族五千多年文明历史所孕育的中华优秀传统文化，熔铸于党领导人民在革命、建设、改革中创造的革命文化和社会主义先进文化，植根于中国特色社会主义伟大实践”，“中华民族生生不息绵延发展、饱受挫折又不断浴火重生，都离不开中华文化的有力支撑”。

我国传统工艺历史悠久，种类丰富，名目繁多，是我国各地区、各民族文化的表征，体现着一定时代所特有的价值观和审美观，也是我国优秀传统文化保护传承的重要载体。

潞绸，是产于山西东南部地区的极富地方特色的丝织品。作为明清两代的皇室贡品以及支撑晋商发展的主要商品，潞绸代表了当时精湛的丝织工艺，承载了山西乃至黄河流域悠久的纺织技术与社会文化，是区域社会生活以及时代的缩影。

从20世纪80年代起，潞绸逐渐受到学者的关注。有学者根据文献史料、文学作品中的记载，对潞绸的生产规模、生产形式、制作工艺做了一些总结，也有学者从经济史的角度对明清时期潞绸的兴盛与衰落进行了分析探讨。

本书在前人研究的基础上，提出了潞绸不仅是一种纺织品，而且是一个文化集合体，即以潞绸为基本元素形成了潞绸文化圈；潞绸的传承不仅在于技术和工艺，更重要的是其所承载的思想与文化内涵。主要研究内容以及研究成果体现在：

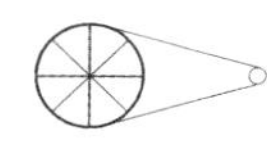

第一，明确了潞绸的概念、产地、分布和特征。从大量的文献记载以及北京故宫博物院、定陵出土的实物来看，潞绸是兴盛于明清时期的皇室贡品，主要产于山西长治、高平两地。通过实地走访调研，在田野考察的基础上，归纳、总结了潞绸的发展历程、主要产地和主要工艺。潞绸概念的延伸以及地点的细化，丰富了历史文献记载以及潞绸的内涵，具有重要的史料价值以及现实意义。

第二，在中国传统纺织机械发展历史的大背景下，对泽潞地区（山西省东南部地区的简称）的纺织机械做了深入的调研与时空定位。认为潞绸所用的织造机械的结构、工作原理与明清时期北方传统纺织工具的相近，但也融合了当地生产实践的丰富经验，具有一定的典型性和代表性。从现存织机以及传统老艺人的介绍看，泽潞地区的纺织技术与河南七方、河北高阳的纺织技术密切关联，是近代纺织技术传播、技术移植的典型案例。这项研究工作，首次通过实地调研的方式探讨了泽潞地区的传统纺织机械，深化了地方传统纺织技术史的研究;同时,通过对潞绸织机与明清泽潞社会互动的研究,丰富了纺织科技史的资料。

第三,通过实地走访,结合当地保留的文献史料,对潞绸的基本工艺流程进行了发掘和整理,探讨了其刺绣及染色工艺。对当地传统人工染色方法进行了系统、详尽的阐述。分析了潞绸的图案表现形式及其特有的文化内涵,认为其图案色彩是技术与艺术的交融,潞绸的喜庆、庄重与生动之中蕴含着泽潞地区生生不息的文化,散发出浓郁的乡土气息,折射出当地人民与万物和谐共生的自然观,真实又生动地反映了泽潞地区自然、纯朴的民风,具有民族性、时代性与地方性的特质。

第四,首次提出了“潞绸文化圈”的概念。潞绸文化圈,是指以潞绸这一地方产品为主所形成的丝绸文化圈。从空间维度来讲,潞绸文化圈以长治、高平两地为圆心,辐射到整个山西东南部地区;从时间维度来讲,潞绸文化圈的形成始于蚕桑文明的萌芽时期并根植于民间,延绵不断,传承至今。潞绸文化圈,不仅是泽潞地区独特的技术、经济、文化和社会功能的综合表现,而且是黄河流域乃至我国北方丝织文化发展的典型代表。

第五,提出了潞绸的传承、保护和发展的重要性、必要性及其目前面临的问题,并由此提出了今后发展的可能途径。提出了不仅要将潞绸富有地域特色的传统文化要素运用于现代纺织品和文化审美之中,更要拓展以潞绸产品为主体的潞绸文化产业发展的新思路。现代潞绸业的发展要使潞绸成为展示地方文化形象的工具,延续泽潞地区悠久的蚕桑文明,重构以潞绸为核心的文化认同感,进而寻找共同的心灵归宿。

传统工艺的传承与发展,是本书重要的探讨内容,也是本书作者仍然没有思考成熟之处。习近平总书记指出,“我国哲学社会科学坚持以马克思主义为指导,是近代以来我国发展历程赋予的规定性和必然性”“马克思主义中国化取得了重大成果,但还远未结束”。因此,我国传统工艺的传承创新必然要以马克思主义理论为指导。

本书是基于以上内容而展开的，也正是基于以上内容的研究，撰写了关于山西省发展纺织产业的决策建议报告，获得了省级领导批示。作为一部研究型著作，其中总会有不完善的地方，不妥之处望读者指正。愿本书能对中国传统纺织技术的研究、中国古代纺织工程学科的发展以及纺织产业的发展研究起到一定的作用。

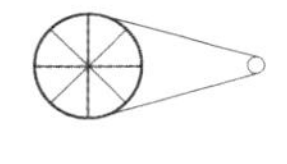

目录

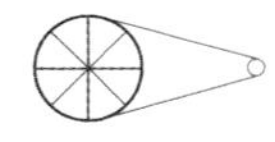

第一章

潞绸史的发掘与整理

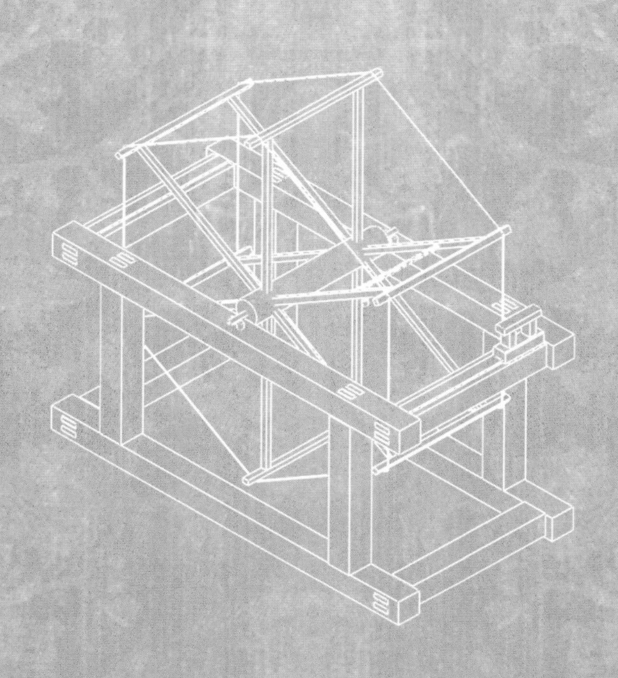

泽潞地区独特的地理区位、本土根植的农业蚕桑文明以及长期流传的地方文化等，为潞绸的发展及辉煌提供了肥田沃土，并在明清时期形成以潞安府、泽州府为中心的潞绸文化圈，这一文化圈囊括了整个晋东南地区。

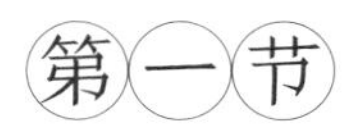

第一节 潞绸的初创与演进

据古籍记载，绸，也写为“紬”，本意是经过抽引而成为丝线，同时也指用棉线织成的较厚实的织物。到明清时期，绸的概念发生了很大变化，成为一般平纹和斜纹暗花类织物的总称，直到清代，“紬”字改写为“绸”。明清时期，南北形成了四大绸：山西的潞绸、山东的英绸、江苏的宁绸、广东的瓯绸。田自秉先生将明清时期全国生产丝绸的区域划分为四大产区，其中之一便是山西产区，主要产品为潞绸。我国丝绸史专家赵丰先生在其所著的《中国丝绸艺术史》中列出了丝织物命名的六大要素：色彩、图案、织造工艺、用途、组织和产地[1]。在“产地”这一要素中，则列举了吴绫、蜀锦、广缎、潞绸等。显然，潞绸是依据产地的名称而来的。所谓的“潞”，无疑是指明清时期的潞安府，即今山西长治、晋城一带，主要产地集中在今长治市、高平市两地。

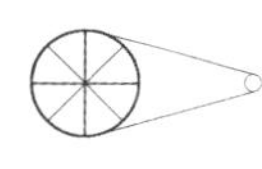

但潞绸的名称究竟由何而来，目前还未找到详尽的史料。当地地方文化研究者李玉振在《高平是中华丝绸的发祥地》一文中指出，高平是潞绸的中心产地，潞绸之名与唐玄宗李隆基密切相关。公元708—711年，李隆基外任潞州别驾三年，其间非常喜欢高平丝绸。公元723年春，已是皇帝的李隆基巡幸潞州过高平时，当地百姓以丝绸作为贡品献给他。李隆基在回京后命人大量采购高平绸缎作为宫廷用品，并且赐名“潞绸”。这一说法，如果能够得到系统论证与历史考证，会将潞绸的历史上溯到唐代。但朱新予先生在其所著的《中国丝绸史》中指出，唐代河东道所贡高级丝织品为白縠和纱[2]。唐宋时期的土贡中可以看到“縠”这一种类，到明清时期以绉纱代替，很难为潞绸源于唐代提供佐证。清代《泽州府志》《潞安府志》等地方志中都有潞绸一项，但也均明确指出，潞绸始于何时已不可考。目前比较公认的说法是,潞绸是兴盛于明清时期产于潞安府一带的丝织品。

综合以上分析,可以从三个方面理清潞绸的定义。首先,潞绸是因产地而命名的。之所以因产于泽、潞两地而命名为潞绸,是基于两个方面的原因:其一,在行政区划的级别上潞安府高于泽州府;其二,在明代形成了以潞安府为中心的经济发展区域,此地成为重要的工商业城市和商品集散地。明代,泽潞地区不仅是丝绸的重要产地,也是铁器、酒等商品的重要生产地,这些产品的产地虽遍布泽潞地区,但几乎全部商品都冠以“潞”字,如潞铁、潞酒等,与潞绸的命名是一致的。而且,在明代的《天水冰山录》中发现,不少绸的产品名称前面冠以产地,如潮绸、潞绸,应该是一种地方名产。由此可以推论,明代以产地命名织物成为一种传统。其次,依据“绸”的概念以及明定陵出土的丝织物,狭义的潞绸是指明代产于泽潞地区,供皇室贵族以及上流社会使用的丝织品,且一般认为是以斜纹为基础组织的提花丝织物。再次,本书所指的潞绸,不局限于狭义的潞绸,而是指潞绸这一概念出现以来,产于山西泽潞地区的所有传统丝织物,囊括了明代皇室贡品与民间流行的潞绸,清代的潞缎泽绸,以及后世的包头、水纱等运用传统工艺织造的丝织品。最后,无论是始于唐代还是兴盛于明清的丝织品,都是在当地文化中滋生孕育的。可以认为,潞绸是泽潞地区承前启后的丝织技术与文化的代称。

潞绸的发展代表了山西桑蚕丝织业的发展历程,经历了萌芽、发展、兴盛、衰落与恢复发展等几个不同的时期,概述如下:

萌芽与发展期(隋唐到宋元)。泽潞地区是传统的栽桑养蚕之地,直到清代,山西才大面积种植棉花。桑蚕丝织业的发展与农业的发展密不可分,《隋书·地理志》记载了冀州的两大农业生产中心地带:一个是太行山以西的汾水流域;另一个就是长平(今山西省高平市境内)、上党一带,这里的老百姓“多重农桑”,“男子相助耕耘,妇人相从纺绩”。从唐代留存下来的李贺的诗词、宋代的高平开化寺壁画以及元代薛景石的《梓人遗制》可以看出当时蚕桑业的发展状况,这些都从不同的角度反映了当地丝织业的发展情况,也印证了隋唐到宋元时期是潞绸的萌芽发展时期。

鼎盛期(明到清初)。明初积极的农桑政策以及渐趋繁荣的商品经济,社会生活、生产等的恢复，使得丝绸业逐渐发展。并且，统治者强化了对丝绸生产的管理，为潞绸的发展与兴盛提供了政策支持，使得潞绸代替了唐代以来的白縠和纱而成为皇室贡品。手工业的发展以及商品经济的不断繁荣，又使得潞绸成为晋商的主要输出商品而行销各地。虽然明末农民起义以及连年的战争使得潞绸几近消失，但其在清代又呈现出繁荣的态势。《乾隆高平县志》中记载："潞绸，明季，高平、长治、潞州卫三处，共有绸机一万三千余张。十年一派，造绸四千九百七十匹，分为三运，九年解完……国朝自顺治四年为始，每岁派造绸三千匹[3]。"从这段史料可以看出，明到清初年间是潞绸发展的鼎盛时期。

衰落期（清中期到清末）。清代，潞绸也是皇室贡品，但是受到战争破坏，尤其是顺治六年（1649年）经姜瓖之乱，长治、高平仅剩织机300张。山西巡抚吕坤在《停止砂锅潞绸疏》中提及了朝廷征派潞绸的种种弊端，故朝廷停止征派。至此，潞绸走向了衰落。

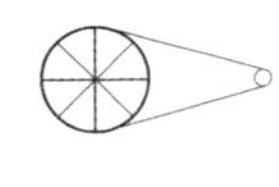

缓慢恢复发展期（清末到抗日战争前）。潞绸的名称消失了，但其技艺在当地得以传承。这一时期，社会经历了剧烈的变革，蚕桑业得以恢复和发展，潞缎、双丝泽绸等产品成为清代潞绸的主要品种。直到抗日战争前，仅高平就有丝织机四五百台，主要生产乌绫手帕等。抗日战争时期，丝织业成立的各种丝织业合作社和纺织传习所积极支持抗战。抗日战争初期，高平王降村成立了新华丝织业合作社（图1–1），有8台丝织机，主要生产丝线、平纹绸、斜纹绸，产品主要运到长治军火厂用于制作手榴弹拉线和炸药包。同时，也生产毛巾、绑腿等军用产品以支援抗战。1939年12月，新华丝织业合作社转移到沁水县白疙瘩村。1942年，高平设立了纺织传习所并成立了棉、丝织业公会，全县机户达到433户，织机近500台。因此，清末到抗日战争前，传统织造技术处于缓慢恢复发展的阶段。

家庭手工作坊整合期（20世纪50年代）。中华人民共和国的成立为丝织业的发展带来了新的生机，这一时期，各地将缺乏统一生产与管理的家庭手工作坊的机器与老艺人集中起来，多数整合为以村为单位的合作社，如高平南王庄、王降、南朱庄等村都有丝织业合作社（也称手工业合作社）。1956年，由县政府统一抽调各村合作社的丝织机和职工，在南王庄建立了

图 1-1 新华丝织业合作社旧址

高平最大的丝织业合作社，共有108台织机，130名员工，主要生产水纱一类的产品。南王庄丝织业合作社为20世纪60年代丝织工厂的建立奠定了人员、技术基础。

工厂建设期（20世纪60年代初到80年代中期）。20世纪60年代，各地政府将生产合作社的人员、机器进行整合，成立了多家丝织厂、缫丝厂，其中高平丝织厂的规模最大。此时，传统手工织机与铁木机并存，即工厂设立初期使用的是手拉脚蹬的木织机和铁木机。到1962年，木织机被完全淘汰而改用铁木机，主要使用的是由山西经纬机械厂生产的K251机型。原料来源于高平本地的唐安、端氏两个缫丝厂，以织造长丝、人造丝为主，真丝被面为当时的主打产品，织锦类的有名人字画，以毛泽东诗词为主。1969年，高平丝织厂负责织造了巨幅潞绸织锦《毛主席去安源》（图1–2），成品规格为1570毫米 × 2300毫米，织物结构为经线两重，纬线七重，十四种纬丝，地经和接经的比例为6 : 1，七把梭通过换道来显色，通过色纬丝的长短浮长、

图 1-2　潞绸织锦《毛主席去安源》

色彩相间来显示织物的色彩层次，用多种间色来加强，六把吊，双笼头，纹版达56904张，代表了当时机器织造工业的最高水平。

机器工业期（20世纪80年代末至今）。此时期演绎了传统与现代的完美结合。改革开放以后，随着生产的发展、技术的交流，丝织技术水平进一步提高，具有地方特色的传统文化与丝织品相结合，形成了富有山西特色的丝织品。主要产品有家纺用品、真丝围巾、睡衣等，题材以传统的福禄吉祥和泽潞地区的民俗文化等为主。潞绸这一传统纺织产业在激烈的市场竞争中又焕发出新的生机与活力（图1-3）。

图 1-3　现在的生产车间

第二节 明清时期的潞绸

一、产地分布

根据明清两代的地方志记载，作为明清时期皇室贡品的潞绸主要产于泽潞地区的长治、高平两县，以及潞州卫。结合实际调研，可以得出：潞绸的产地以长治、高平两县为中心，辐射周边的晋城、阳城、沁水等泽州府、潞安府两个行政区划的绝大多数区域，图1-4和图1-5是明代潞安府与泽州府的全境示意图，栽桑养蚕织绸几乎遍布这两个区域。

潞绸的织造工艺包括织、绣、染三个主要环节，因此，作者不同程度地

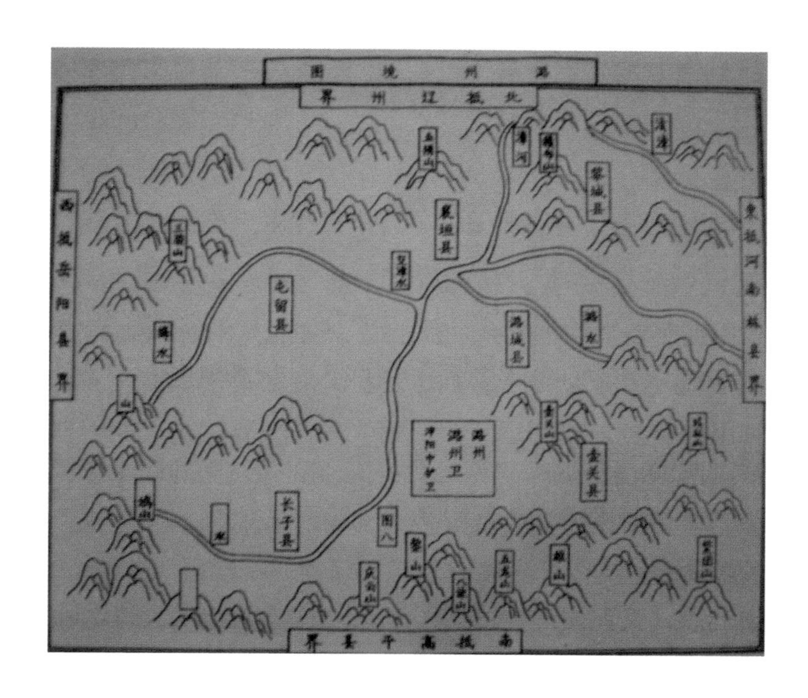

图 1-4　明代潞安府全境示意图

（摘自《山西通志》）

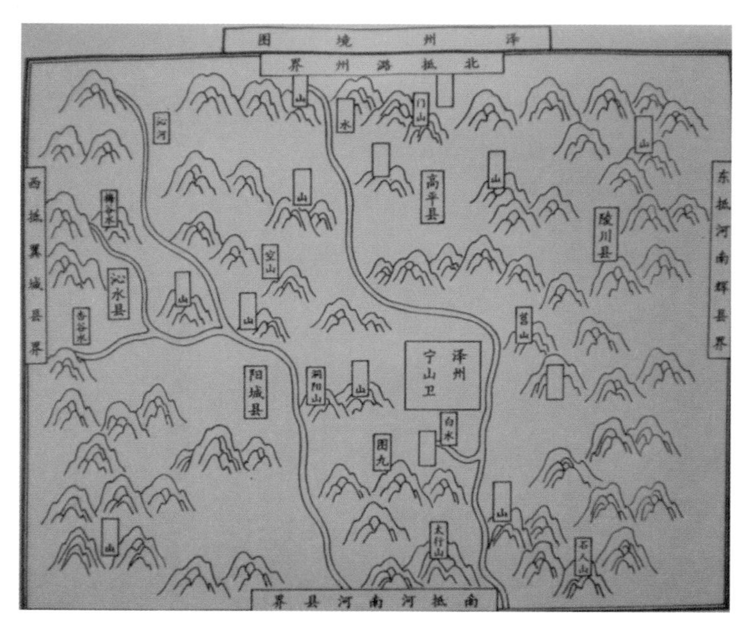

图 1-5　明代泽州府全境示意图

（摘自《山西通志》）

选取了具有织、绣、染传统的村镇，围绕这三个方面展开实地访谈。图1–6为主要调研地点，表1–1中列举了主要的调研村镇。

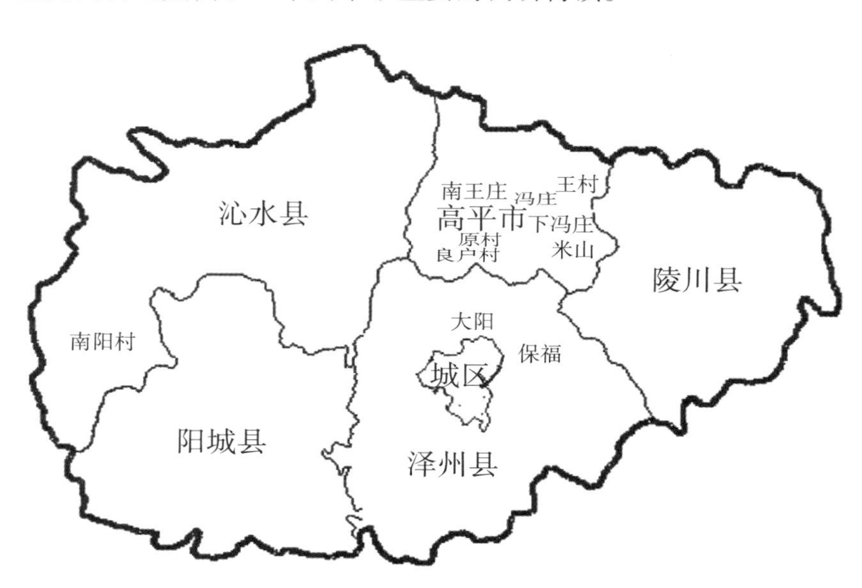

图 1-6　主要调研地点示意图

表 1-1 潞绸分布与调研表

地点	主要产品或工艺	传承人
高平市冯庄	水纱类	王同和
高平市米山镇	戏服、彩绸、刺绣、染色	陈保顺
高平市王降村	包头、彩绸、提花绸、手帕等	秦三肉
高平市良户村	提花绸	王永顺
高平市陈区村	缫丝	张金贵
高平市王村	缫丝	卫奎兰
沁水县南阳村	缫丝、织绸	张兰英
泽州县大阳镇	丝线、印染	冯法旺
泽州县保福村	印染	晋贵生
阳城县润城村	织布	吕瑞莲

二、产品及其特点

潞绸的主要产品及其特点可以根据文献记载以及民间留存实物等加以说明。最具有代表性和说服力的是 20 世纪 50 年代明定陵挖掘出土的潞绸实物，其为探讨传统的作为皇室贡品的潞绸提供了实物佐证。

明定陵出土的丝织品共计 644 件，整卷的匹料和袍料共有 177 匹，衣物 467 件。品种包括锦、缎、绫、罗、纱、绸、绢、绒、改机、缂丝、刺绣十一大类。部分匹料上还保留有腰封，记载了织物的颜色、纹样、织造人等。出土的袍料和匹料，幅宽一般都在 60~70 厘米之间，个别在 20~50 厘米之间。明定陵共出土了 13 匹绸料，出自孝端和孝靖皇后棺内，其中 9 匹保存较好，类别为龙袍、道袍、中单、女衣、裙等。表 1-2 为明定陵出土的绸料纹样类别。

从定陵出土绸料的记载来看，纹样以折枝花卉或者缠枝花卉为基本题材，包括菊花、牡丹花、莲花等，纹样的排列均为匀罗摆[①]。出土绸料中的

---

① 是纹样排列的一种方法，以四则花纹为例，第一排四个纹样等距排列，略偏在匹料左侧；第二排的四个纹样等距排列，略偏在匹料右侧。这样的一种排列方法使得上下两排既有交错，又保持了四个纹样的完整。

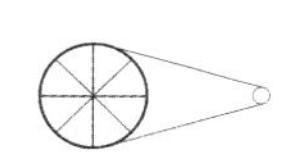

表 1－2　明定陵出土的绸料纹样类别[4]

类别		编号	内容
折枝花卉纹	折枝莲花纹	J23/J75	莲花分上下两排，一正一倒，四则，匀罗摆
	折枝莲花月季纹	D80	一排莲花，一排月季花，两排为一个循环，四则，匀罗摆
	折枝莲花牡丹纹	D72	莲花、牡丹花分别作上下两排，二方连续，四则，匀罗摆，单位纹样长 19 厘米、宽 16.5 厘米
	折枝四季花纹	J60	由芙蓉花、牵牛花、菊花、梅花组成，每排一种花型，上下两排正倒相错，四排一个循环，六则，匀罗摆
缠枝花卉纹	缠枝菊花纹	D64	黄色地，本色亮花缠枝菊花纹，两种花型相错排列，以梗叶相缠，六则，匀罗摆，单位纹样长 17.2 厘米、宽 11 厘米
	缠枝四季花卉纹	J72	莲花、菊花、茶花、芙蓉花四种花型分别排列，四排为一个循环，六则，匀罗摆，单位纹样长 33 厘米、宽 11 厘米
灵芝寿桃纹		D83	由折枝寿桃、灵芝、竹叶组成，分上下两排，三则，匀罗摆，单位纹样长 31 厘米、宽 16 厘米
八宝纹		J28	由云头、宝珠、古钱、银锭、犀角、方胜组成，四则，整剖光
长安竹纹		D65	机头和花组部分有一条宽 5.1 厘米连续状“卐”字纹。花组为红地绿花的长安竹，如意头形折枝，中心为一竹花，左右饰一竹叶，十二则，匀罗摆，单位纹样长 9 厘米、宽 6.7 厘米

注：四则是指横向并列四个同样的花纹单位。

D65（图 1–7），即大红长安竹纹潞绸，是出土袍料和匹料中最长的，来自山西。这幅绸料是保存较为完整的、有代表性的潞绸实物。在这幅匹料上既有腰封又有墨书题记，墨书为“大红闪真紫细花潞绸壹匹，巡抚山西都察院右副都御史陈所学，山西布政分管冀南道布政司左参政阎调羹，总理官本府通判黄道，辨验官督造提调官山西布政司左布政使张我续，经造掌印官潞安府知府杨检，监造掌印官长治县知县方有度，巡按山西监察御史、山西按察司分巡冀南道布政司右参政兼按察司佥事阎溥，机户辛守太”。这段文字自上而下还有阳文朱印三个，可能是山西布政司、潞安府、长治县三级的官印，官印依次从大到小。大红长安竹纹潞绸外幅 84.5 厘米，内幅 82.3 厘米，匹长 20.67 米，机头 77.5 厘米，经密为 68 根 / 厘米，纬密为 39 根 / 厘米，质地组织为三枚经斜纹，花为平纹组织，形成三枚经斜纹、纬六枚组织。在匹料两端机头和花组相接部分有一条宽 5.1 厘米的连续“卐”字纹。花组为红地绿花的长安竹，如意头形折枝，中心为一竹花，左右饰一竹叶，十二则，匀罗摆。单位纹样长 9 厘米、宽 6.7 厘米。经线、纬线均为弱捻。从故宫博物院所藏潞绸实物来看，一般为三枚斜纹组织，经线一般加捻。

图 1-7　明定陵出土的长安竹纹潞绸
（摘自王秀玲《明定陵出土丝织品种》）

在孝靖皇后棺内还出土了大回纹潞绸女衣、福寿三多纹潞绸女衣。除此之外，木红地折枝玉兰花纹潞绸和木红地桃寿纹潞绸均作为经书封面保存下来。中国艺术博物馆还收藏有灰绿地平安万寿葫芦形灯笼潞绸、酱色地寿字纹潞绸。木红地折枝玉兰花纹潞绸长 30.3 厘米、宽 12.3 厘米；地经木红色加捻，地纬黄色无捻；花为平纹组织，形成三枚右向斜纹、纬六枚斜纹组织。木红地桃寿纹潞绸长 31.7 厘米、宽 11.6 厘米；地经为木红色加捻，地纬为绿色加捻；花为平纹组织，形成三枚左向斜纹、纬六枚斜纹组织。

明清时期留存下来的潞绸实物（狭义的潞绸）并不多见，因此，对于潞绸的种类、用途及其特点等只能根据文献记载、出土实物和民间留存加以总结：

规格：根据地方志记载，潞绸的规格主要分为两种，即大潞绸和小潞绸。大潞绸每匹长80尺、宽2.4尺，重61两；小潞绸长约30尺、宽1.7尺，重约32两。①

组织结构：根据出土实物断定，潞绸的组织结构一般为三枚斜纹地和纬六枚斜纹提花；经线、纬线不同色，经线为地，纬线显花。经线、纬线加捻、无捻或弱捻。

主要图案题材：提花图案的题材主要是象征喜庆、吉祥的花卉植物类。

种类：明代绸已经演变成广义的丝织品的总称，因此，潞绸的种类也不仅仅局限于绸，还包括绫、缎、锦、土绸、绉纱等。

技术工艺：潞绸技术工艺不仅包括织工在织机上面织造的过程，也包括绣和手绘两种方法。潞绸的绣除了包括平针绣、盘金绣、打籽绣等传统的绣法，还有其独特的绣法，即后世的长治堆锦。

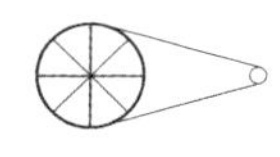

用途：皇室贡品中的大潞绸被制成被褥，小潞绸被制成衣物，但是大部分的贡品被用作祭祀品。另外，也有用作经书封面的。作为商品的潞绸，从大量的文学作品中可以看出，大多被制成各种衣物，如潞绸袄、潞绸鞋、潞绸箭衣、潞绸坎肩、潞绸裙、潞绸兜肚等。图1–8是泽州地区传统服饰示意图，反映了这一区域的衣着风格，我们在一定程度上可以看到潞绸产品的风格及品种。

图 1–8　泽州地区传统服饰示意图
（摘自《大南庄村志》）

---

① 本书出于行文的需要，保留了大量的非法定单位，比如丈、尺、两、斤、担、钱等。其中，1丈≈3.3米，1尺≈0.33米，1两=50克，1斤=500克，1担=50千克，1钱=5克。在正文中就不再一一标注。

从外观看，潞绸最鲜明的特点是厚实。这一特点应该与北方相对寒冷的气候特点有一定的关系，也决定了明清时期潞绸在西北市场的行销地位，并使之成为晋商汇通天下的重要商品。

第三节 明清时期潞绸的鼎盛及原因考

一、明清潞绸的鼎盛

明清时期，传统技术缓慢发展，纺织业成为手工业的重要组成部分，呈现出鲜明的时代特点，即纺织技术虽然停留在手工阶段，但民间纺织业蓬勃发展，形成了多个纺织中心，因纺织业而繁荣的商业市镇应运而生，由此也造就了重要的经济中心。北方纺织业的中心首推泽潞地区，即潞安府所辖区域。以潞绸为主的纺织业成为丝绸发展史上的奇葩，泽潞地区成为以地方传统手工业为主的经济中心。南阳、高都、王降、冯庄、米山等都是明清乃至民国时期因纺织业而繁荣的商业集镇。

明清时期作为皇室贡品的潞绸以及生活中的潞绸足以证明其发展的鼎盛。清代《高平县志》中详细记载了明代到清末的额贡情况，如图1-9所示。

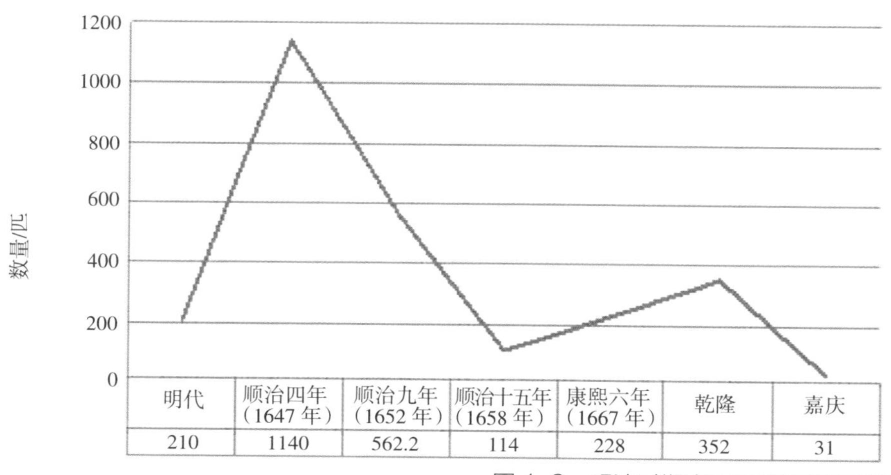

明代	顺治四年（1647年）	顺治九年（1652年）	顺治十五年（1658年）	康熙六年（1667年）	乾隆	嘉庆
210	1140	562.2	114	228	352	31

图1-9 明清时期高平县潞绸额贡情况

从图1–9中可以看出，明清时期皇室对于潞绸的需求，是明清潞绸鼎盛的重要标志。清代后期，潞绸的额贡逐渐减少，《晋政辑要》“各属土贡”条目中记载：“每年，潞泽二府属长治、高平二县办解大绸一百匹，小绸三百匹。”潞绸不仅作为皇室贡品，同时也运往新疆，即被征用为王府绸、内务府绸等。直到清末，丝绸业仍然是当地主要的经济支柱，仅高平县就有汴绸、晋绸、湖绉等各种缎类、绫类织物。《晋政辑要》中也记载了“新疆办绸”的相关事宜，大意是山西泽州府的凤台、高平二县，潞安府的长治县，每年共织办潞缎、泽绸三百匹。山西的潞缎、双丝泽绸，与产自浙江省的绸缎相比，手感厚实，可以用作赏物。

据第一历史档案馆中的清代档案记载，乾隆嘉庆时山西销往新疆的泽绸数量如图1–10所示：

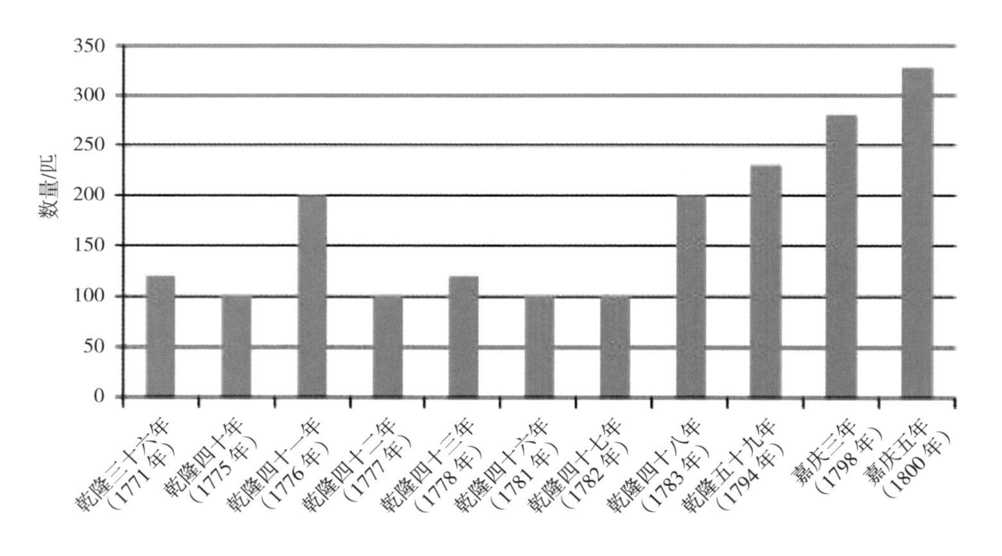

图 1–10　清代乾隆嘉庆年间销往新疆的泽绸数量

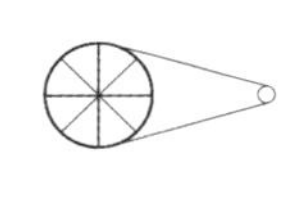

从《晋政辑要》记载看，清代销往新疆的并无潞绸一项，当时北方销往新疆的丝织产品产自陕西和山西。陕西销售的是秦纱；山西销售的是绸和缎，产于长治县、凤台县（今晋城市城区）、高平县（今高平市），主要产品是潞缎和双丝泽绸。但据地方志以及《晋政辑要》中“土贡”条目记载，潞绸依然是皇室贡品。由此可见，清代泽潞地区以潞绸为主的丝织业依然发达。

吕坤的《请停止砂锅潞绸疏》中称潞绸“络丝、练丝、染色、抛梭，为工颇细，独具特色，誉满海内”，“上供官府之用，下资小民之生”。大量的文献记载以及文学作品也证实了潞绸在明清时期的鼎盛状况。明代是中国古典思想发展的高峰期，雅文化与俗文化并存，审美思想逐渐世俗化，产生了一大批与生活贴近的文学作品，潞绸也常出现在文人墨客的笔下。我国古典小说《金瓶梅》，创作于明代万历年间，书中有17处提到了潞绸。与《金瓶梅》创作在同一时代的《醒世姻缘传》中也有多处描写与潞绸有关。明初杂剧《李素兰风月玉壶春》就描写了一位叫沈舍的山西平阳府的潞绸商人，带了30车的潞绸到浙江嘉兴去做买卖，从而结识了李素兰，要以30车潞绸为彩礼娶李素兰为妻，但未能如愿。另外，在《隋唐演义》《万历武功录》《近世丛残》《张献忠陷庐州记》中也提及了潞绸。一种产品，一种织物能够在当时的文学作品和有关典籍中频繁出现，说明了这种产品在那个时代十分盛行。可见，无论是文献记载还是文学作品，都说明了丝织业在明清时期的鼎盛。

二、兴盛原因考

宋元时期，棉花逐渐进入黄河流域，成为主要的纺织原料，但是并没有削弱丝织业的发展，相反，潞绸的发展进入鼎盛时期，有以下几个方面的原因：

（一）明清积极的农桑政策促进了蚕桑业的发展，进而带动了丝织业的繁荣

元末明初，山西引进了棉花种植，也逐渐具备了生产棉布的能力。棉花引进之前，泽潞地区庶民衣着以麻布为主，上等人家穿着绫罗绸缎。因此，麻类植物、桑树的种植一直是当地人民的本业。明清时期是山西农业继续发展的时期，特别是经济作物的引进和种植面积的扩大，促进了商品性农业的发展。明代初期，面临着由战争所造成的人口锐减、社会经济萧条的动荡局面，朱元璋为了尽快恢复正常生产，以农业生产为根本，发展社会经济。在稳定农业生产的基础上，提倡大力种植经济作物，重视与传统纺织业相关的棉麻种植，鼓励栽桑养蚕。直到明代中叶，麻类织品才逐渐被棉织品

所替代，但官府一直鼓励此类经济作物的种植。明清时期，泽潞地区大面积栽植桑树，为潞绸业的发展提供了充足的原料来源。表1–3为潞安府桑树种植量、丝产量情况简表，从中可以看出明代潞安府桑树栽培情况。

表 1－3　潞安府桑树种植量、丝产量情况简表[5]

县名	桑树种植量、丝产量					
	洪武二十四年（1391 年）		永乐十年（1412 年）		成化八年（1472 年）	
	桑树/株	丝	桑树/株	丝	桑树/株	丝
壶关县	24187	85 斤 2 两 9 钱 5 分	24187	85 斤 2 两 9 钱 5 分	24187	85 斤 2 两 9 钱 5 分
长子县	17748	64 斤 3 钱 5 分	17748	64 斤 3 钱 5 分	17748	65 斤 12 两 1 钱
屯留县	8476	29 斤 6 两 9 钱	8476	29 斤 6 两 9 钱	8476	29 斤 6 两 9 钱
潞城县	3639	13 斤 8 钱	3639	13 斤 8 钱	3647	13 斤 2 两 4 钱
襄垣县	10212	34 斤 15 两 2 钱	10212	34 斤 15 两 2 钱	10212	34 斤 15 两 8 钱
黎城县	20252	106 斤 8 两 8 钱 5 分			20312	107 斤 13 两 8 钱
陵川县					77147	483 斤 1 钱
阳城县	28343	187 斤 3 两 4 钱	28343	187 斤 3 两 4 钱	28343	187 斤 3 两 4 钱
沁水县	35773	225 斤 14 两 6 钱	35773	225 斤 14 两 6 钱	35773	226 斤 7 两 2 钱

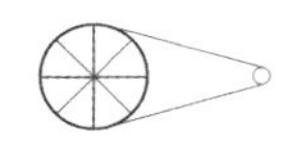

明朝后期，自然灾害和连年战乱使桑蚕业逐渐萧条，潞绸生产遭到破坏，潞绸一度销声匿迹。清代顺治年间，潞绸生产得以恢复。从中国历史档案馆资料中可以看到，清乾隆三十年（1765年）四月初四，喀什噶尔调取贸易绸缎内所需潞缎泽绸都是晋省出产的，其中高平县宝蓝色绸十五匹，库灰色绸十五匹，古铜色绸十匹[6]。另据《同治高平县志》记载，除额贡大小潞绸之外，每年销往新疆伊犁必百匹，另有各式内务府绸、王府绸等，更加证明了清代泽潞地区丝织业的兴盛[7]。

清代泽潞地区蚕桑生产的恢复与发展，得益于当地官府重视农桑以及实行的相关举措，从现存的大量碑刻中可以看出（图1-11）。

故关村永禁夏秋桑羊碑记

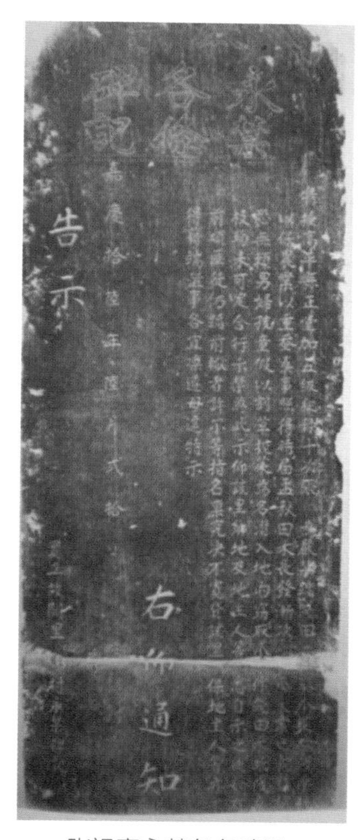

张祖骞永禁各条碑记

李联蒙严禁牧羊蹭践桑枝告示碑

图 1-11　清代高平鼓励栽桑碑刻

（高平市政协徐永忠　提供）

三幅碑刻分别存于高平市故关村炎帝庙和东靳寨村玉皇庙内，立于清嘉庆十六年（1811年）和道光三年（1823年）。《故关村永禁夏秋桑羊碑记》中载："凡所养蚕之家，必以桑株为重，外人不得砍伐。倘有人砍伐伊人之桑株，有人拿获者，入庙公议，罚油。"《张祖骞永禁各条碑记》中载："为严禁踏践田禾，窃取瓜菜，砍伐桑株，以保农业，以重蚕桑事。"《李联蒙严禁牧羊蹭践桑枝告示碑》中载:“……桑株为蚕食之需,自宜共相保护,岂可肆意损伤。兹据沙壁里东靳寨村社首王克绍等,以该村地内所植桑株,近被无知之辈牧放羊只,砍伐蹭践,禀请示禁前来,合行给示永禁。”从这些碑刻中可以看出,官府为了保护桑树种植,规定种植园区外人不能进入,更不能随意砍伐、放牧等,一旦发现有破坏行为,便采取严厉的惩罚措施。这些政策表明了官府发展蚕桑业的具体举措,其与积极的鼓励政策相结合,为清代泽潞地区蚕桑丝织业的发展提供了政策支持。

除此之外,当地官府也重视蚕桑技术的应用与推广,清光绪辛丑年(1901年)泽州府重刊《桑蚕说》(图1–12),对种桑、养蚕、缫丝等方法做了详尽的说明,推动了清末蚕桑丝织业的发展。明清时期泽潞地区鼓励农桑、重视桑蚕技术的应用与推广,为潞绸丝织业的鼎盛提供了政策、技术支持。

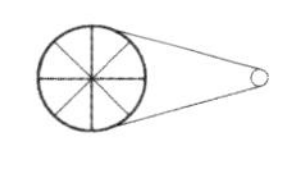

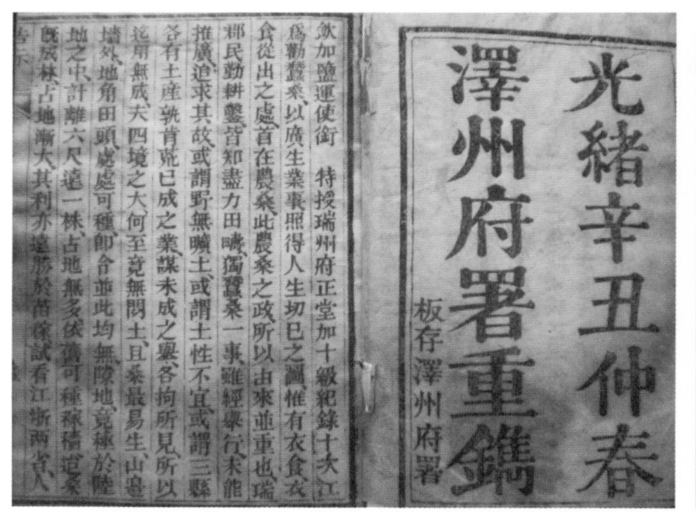
欽加鹽運使銜　特授瑞州府正堂加十級紀錄十次江
爲勸蠶桑以廣生業事照得人生切己之圖惟有衣食衣
食從出之處首在農桑此農桑之政所以由來重也瑞
郡民勤耕鑿皆知盡力田疇獨蠶桑一事雖經稟行未能
推廣追求其故或謂野無曠土或謂土性不宜或謂三縣
各有土產孰肯荒已成之業謀未成之舉各拘所見所以
迄用無成夫四境之大何至竟無閒土且桑最易生山邑
墻外地角田頭處處可種即合並此均無隙地竟緣於陸
地之中許離六尺遠一株占地無多依牆可種稼穡宜桑
既成林占地漸大其利亦遂勝於稻稼試看江浙兩省人

光緒辛丑仲春
澤州府署重鐫
板存澤州府署

桑蠶說

图 1–12　清光绪辛丑年泽州府重刊《桑蚕说》

(二)泽潞商帮的崛起为潞绸的发展带来了机遇

宋元时期,中国社会经济发生的最大转变是商品经济日趋繁荣,到了明代,社会经济进入高速发展时期,这是晋商崛起的宏观背景。到明万历年间,谢肇淛《五杂俎》卷四中写道:“富室之称雄者,江南则推新安(徽州),江北则推山右(山西)。新安大贾,鱼盐为业,藏镪有至百万者,其它二三十万,则中贾耳。山右或盐,或丝,或转贩,或窖粟,其富甚于新安。"说明了徽商、晋商成为闻名全国的南北两路商帮。

泽潞地区历来是山西的富庶之地,在沈思孝《晋录》中载:"平阳、泽、潞,豪商大贾甲天下,非数十万不称富[8]。"明清泽潞地区的富裕以及泽潞商帮的崛起与以下两个方面密不可分:

一方面是泽潞地区独特的地理交通优势。清代《乾隆潞安府志》[9]中详细记载了潞安府的地理位置,即潞安府与山西省的泽州府、平阳府等相邻,与河南省毗邻,说明这一地区是太原至河北、河南的必经之地;泽潞地区是山西对外交通的中枢,山西是连接塞外与中原的枢纽。明代泽潞商人经过两条驿道进行商品交易,一条是从清化往北过太行山,经碗子城、星轺驿至泽州,再北上过潞安直通太原,此为泽潞商人至河南的商道;另一条是经过潞安府北上至大同以及长城以外的地区。由此可见,泽潞地区不仅将中原地区与山西相连,而且与塞外、西域相连接,独特的地理优势为泽潞商人的对外贸易提供了交通上的便利。

另一方面是当地丰富的商品资源。泽潞地区丰富的商品资源为泽潞商人提供了充足的货源。《山西经济开发史》中记载了晋商在明清时期的货物来源线路,主要有两条:一条是从福建武夷山出发,经江西、湖北、河南,进入泽州、潞安,再经平遥、太古、祁县、太原、忻县、大同、天镇到张家口,最远到达恰克图;另一条是从湖南出发,经湖北、河南后进入泽州,再北上经右玉杀虎口,最后到达归化。可以看出,在这两条线路中泽潞地区都处于关键位置[10]。

同时,以潞绸的产地高平为例,当时在县城的主要商业街上有粮行、丝行、杂货店、布店、绸缎庄、银楼、染坊、铜匠铺、铁货铺、皮货行等,鼎盛时有数百家。而且在高平形成了多个驿站驿道集镇(图1-13),外来商品大量输入,同时本地传统商品不断输出,有利于商品经济的繁荣。

从洛阳现存的泽潞会馆碑刻可以看到当时商品行业种类的繁多。乾隆二十四年(1759年)所作的《建修关帝庙潞泽众商布施碑记》中,提到了绸布商46家、布商38家、杂货商14家、广货商12家、铁货商5家、扪布坊53家、油坊57家,共225家共同参与其事[11]。同时,商品经济的繁荣形成了众多的工商

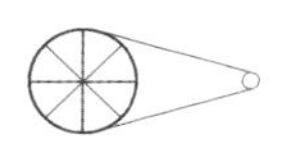

图 1-13　明清时期高平驿站驿道集镇区划示意图

（摘自《高平晋商史料》）

业城镇，各种商行林立，仅在郭峪镇发现的康熙中期的碑记中就提到，当时郭峪镇有杂货铺、花布行、丝茧行等16个行业。由此可见，明代以来，泽潞商人经营的种类以本地手工业产品，即绸、布、帕、铁货等为主。在这些行业中，与纺织业有关的是绸、布、帕、丝线等。

从以上记载可以看出，明清时期，泽潞商帮作为晋商的主要力量异军突起，所经营的产品门类囊括了当地主要的手工业产品，促进了当地手工业的发展。因此，明清时期，泽潞商帮的崛起推动了潞绸的发展。一方面，传统手工业的发展推动了商品经济的繁荣，促成了泽潞商帮的崛起；另一方面，泽潞商人对于泽潞地区传统手工业的发展，包括对丝织业的发展起到了推动作用，对潞绸的推广起到了巨大的作用。

(三)当地善纺绩的女红文化是潞绸鼎盛的社会支持

在一个区域，特定技术不是偶然形成的，而是要历经百年甚至千年积淀。纵观纺织业发达的地区，长期形成的女红文化都为纺织业的发展提供了人力、技术等方面的支撑。传统的女红即为古代社会的“女工”“女功”，实际内容包含了女性所从事的纺绩、缝纫、刺绣等。中国女红文化的研究学者胡平将女红总结为“女性在一个特定的社会组织(如家庭、作坊、流通市场等)中为满足机体需要，借助一定的工具(如织机)所进行的造物活动及其结果[12]”。中国传统的女红伴随着纺织业的发展而形成了具有不同地域特色的女红文化，即建立在女红基础之上所形成的伦理、道德、信仰、审美等精神层面的内涵。泽潞地区历来是栽桑养蚕织绸区域，在长期的生产实践中不仅形成了高超的丝织技艺，也孕育了丰富的具有地方传统特色的女红文化。

泽潞地区的地方文献中记载了大量的女性从事纺绩以维持生计的事迹，被当地人称颂。明代《泽州志》中记载：“党凤妻张氏，凤殁，年二十二，以节自誓。家贫无资，躬织纴以给，抚幼子，克有成立。景泰元年，事闻，表立贞节之门。”“田铎妻王氏，年二十六而铎殁。勤苦绩纺，抚育孤子。孀居三十九年，志不少渝。弘治间，诏旌其门[13]。”这些记载表明，在泽潞地区纺绩一直作为女性维持生计的手段，特别是在夫亡之后，以女性独立维持生计作为衡量女性贞烈的标准，反映了当地传统的女性价值观。这些观念一直影响着当地女性的生活，纺绩不仅是物质、技术的载体，也是伦理道德、价值观的重要体现。这种女红文化形成了一种社会氛围，为潞绸的兴盛提供了社会支持，主要表现在：首先，纺绩是女性生活的一种技能，伴随着女性的一生，不可或缺。泽潞地区的女性出嫁之前在娘家纺织，为自己准备嫁妆。出嫁之后为人妻、为人母，在手工业时代，纺绩解决了家庭成员的基本穿着问题。有时，女性以纺绩收入作为家庭的部分甚至全部的经济来源。其次，女红成为衡量女性价值的标准。女性结婚之前，纺绩的好坏是评价女性是否心灵手巧的标准。同时，女性通过女红来表达她们内在心灵的诉求，寄托她们对美好生活的向往。女红不仅是一种技艺，更是一种价值观，二者在潞绸发展的进程中都是不可或缺的。纺织技艺为潞绸发展提供的是人力、技术支持,价值观则是历史的沉淀,为潞绸发展提供了文化支撑。因此,当地传统的女红文化为潞绸的发展提供了强大而有力的社会支持。

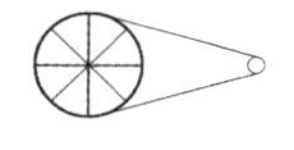

第二章 潞绸纺织技术

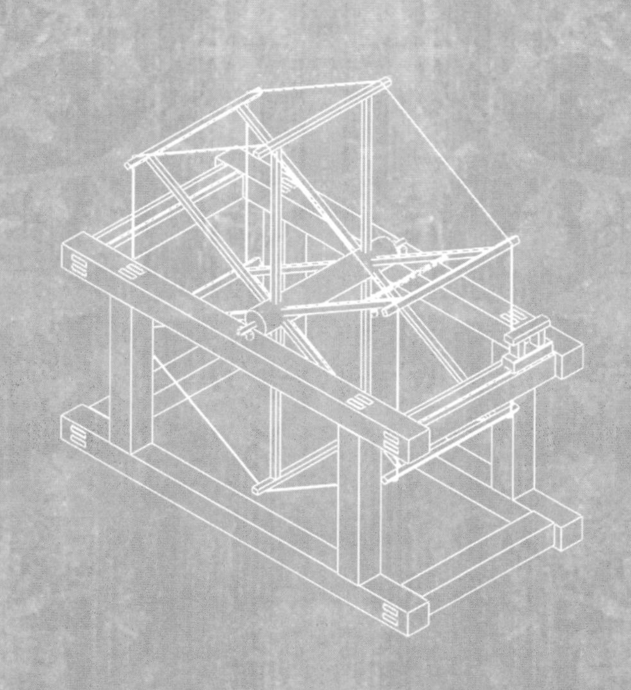

我国的纺织技术经历了原始手工编织、手工机器和动力机器时代。传统丝织技术是中国古代纺织技术的重要组成部分，代表了中国传统纺织技术的最高水平。经历了隋唐、宋元时期的大发展，明清时期的传统丝织技术已经相当成熟和完备。得益于手工业的繁荣，商品经济的发展，多个丝织业中心出现并成为经济社会发展的主要支柱。潞绸的纺织工艺包括织、绣、染三个主要方面，潞绸纺织技术的发展与传统丝织技术的发展相统一，不同的组织结构以及色彩图案与不同的纺织机具相关联。本章通过分析宋元以来泽潞地区的纺织机具，对明清时期潞绸纺织技术、纺织工艺进行了探讨，再现了传统潞绸织造的基本工艺流程。

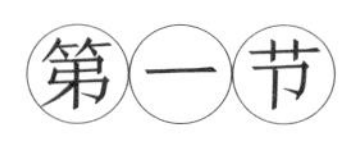

潞绸织机的演变

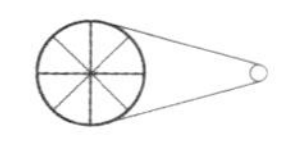

生产工具是生产力发展水平的集中体现，在男耕女织的传统农业社会，纺织工具的使用体现了家庭的富裕程度与社会的发展水平。明清时期，泽潞地区成为丝织业中心，纺织技艺的发展达到了顶峰，纺织机具在当地较为普遍，也是潞绸织造的基础。

一、相关纺织机具

（一）织梭与筘

织梭与筘分别是引纬与打纬的工具。原始纺织技术中，引纬工具与打纬工具是分离的，引纬工具称为“梱”，即缠绕丝线的小木棍，打纬工具称为“机刀”或“打纬刀”。春秋时期，引纬与打纬两个工序皆由一个工具——砍刀来完成，砍刀结合了梱与机刀的作用，这在元代薛景石的《梓人遗制》中有记载。现在民间留存的织梭与筘的出现不晚于汉代，织梭用于引纬，古语中也称“杼”或“梭”，筘用于打纬。织梭也源于原始纺织技术中的梱，应该是基于效率、耐用与方便而演化成今天所见到的形制。新石器时代的骨梭就已经是两头尖中间有穿线孔的样式[14]。筘的形制类似于梳头的篦子，使用筘既控制了经纱疏密，也固定了布幅的宽度。

泽潞地区现存常见的织梭有两种（图2–1），即木质与铁质的织梭。织梭的长度为20~25厘米，最宽处的宽度一般为4厘米，中间部分用牛骨制成。《梓人遗制》中记载了立机子的织梭尺寸“长一尺三寸至四寸，中心广一寸五分，厚一寸二分[15]”。相比较，潞绸所用的织梭比立机子上所用的尺寸要小。纬筒（图2–2）用竹子做成，使用前需用水浸泡，夏天将其泡在冷水里，通常需要2~3天，冬天需要用热水浸泡20~30分钟。织工一般将浸泡时间长的纬筒放在离自己最近的地方，依此原则顺序摆放。

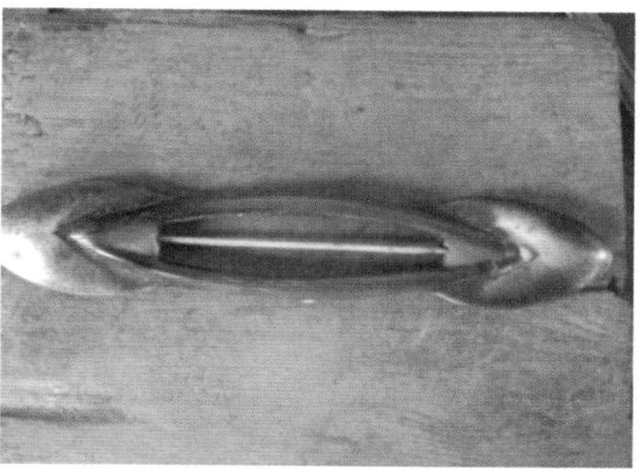

图 2–1　不同形制的织梭

图 2–2　纬筒

明清时期，作为皇室贡绸的潞绸，其规格有两种，大潞绸幅宽为2.4尺，小潞绸为1.7尺。因此，泽潞地区流传下来的筘基本上与这两种规格相匹配，筘的齿数为600~1000。当地织布用的筘是竹制的，织绸用的筘用丝线或钢丝制成。图2-3为打纬筘。

图2-3 打纬筘

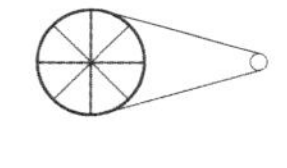

(二)纺车与纺坠

纺车是一种用来加捻以及拉伸棉、麻和毛纤维的工具，主要用作短纤维的牵伸。纺车在中国古代就已经产生，商代可能已经出现了纺车的雏形，成型的纺车可能出现在战国时期，到汉代时纺车已被充分推广利用，大量的汉代纺车石画像为此提供了佐证。不同用途的纺车，虽然在形状上有所区别，但基本原理和作用是一致的。

通过实地走访，笔者发现泽潞地区农村曾普遍使用的是手摇单锭纺车(图2-4)，而且据当地老人介绍，从记事起他们所见、所用的只有手摇单锭纺车，这也就说明当地并没有出现大规模的棉纺织业，棉纺织只是处于自给自足的状态。

由图2-4可知，这种纺车由四个主要部分组成：车架、锭子、绳轮和曲柄，是一种绳轮传动装置。绳轮由两组木片制成的"米"字形轮辐组成，两组轮辐固定在轮轴上，一般相距20~25厘米，曲柄装在绳轮轮轴的一端，绳轮和锭子之间也以绳子相连。以顺时针方向转动曲柄时，锭子转动捻线；逆时

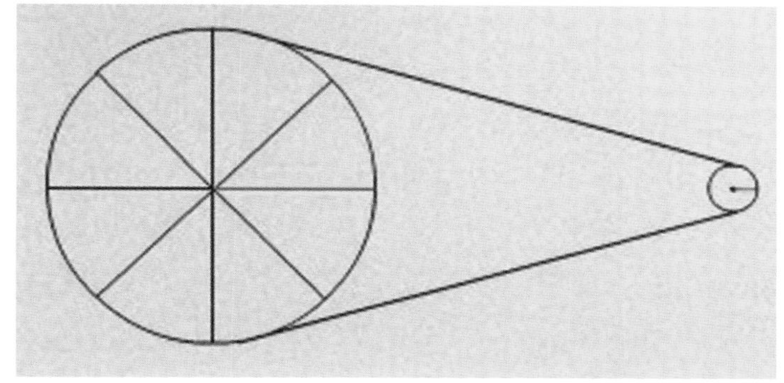

图 2-4 手摇单锭纺车

针旋转曲柄时，锭子回转。

泽潞地区现存两种形制的纺车，区别主要是绳轮上的木片有宽窄之分，较常见的是窄的木片。车架底座长为78厘米，最宽处为48厘米，两组轮辐间相距20厘米，纺车高度为45厘米，绳轮直径大约67厘米，轮辐上木杆的长度为30厘米，锭子（图2-5）为铁制的，连着纺车，纺好的纱线缠绕在锭子上面。当锭子上缠绕了足够多的纱线时，取下锭子，进入下一个工序。

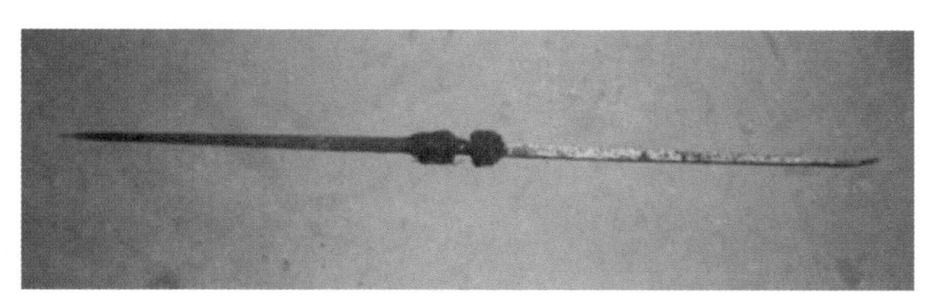

图 2-5 铁锭

棉、麻和毛必须由纺车纺成可以用来织的纤维，纺车纺的过程叫作加捻。而对于丝纤维，一般经过缫丝即可得到，纺车的作用仅是将单股纤维合股，称为并线。泽州地区是中国农业的起源地之一，有着丰富的物产，麻、丝纤维是最早的纺织纤维，进入宋代以来，随着棉花栽培的扩大，这一区域也开始了棉花的种植，但是麻、丝织品作为传统纺织品仍得到保留并有所发展。当地纺车作为传统纺织工具被用在不同类型的纺织纤维中，主要是棉、麻和丝。棉花纺后，再织成传统老粗布；丝纺后用于手工刺绣，制作成鞋垫、兜肚和帽子等。

传统纺纱工具纺坠依然存在。纺坠由纺轮和捻杆组成，用木头或铁制成，所起的作用与纺车一样。作为人类最早的纺纱工具之一，纺坠的产生至少可以追溯到新石器时代，在全国30多个省、自治区、直辖市已发掘的规模较大的早期居民遗址中几乎都有纺坠的主要部件纺轮出土[16]。纺坠有大小、轻重之分，主要取决于纺轮的形制和材料。纺坠在古代也称作纺轮、瓦、线垛、旋锥、棉坠等。泽州地区民间有大量的纺坠实物，当地人称之为捻线坨，至今仍在使用。现在使用的纺轮有两种：腰鼓形的木质轮和正六边形的铁质轮，如图2-6所示。

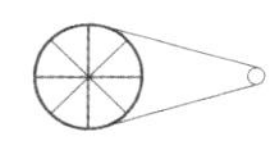

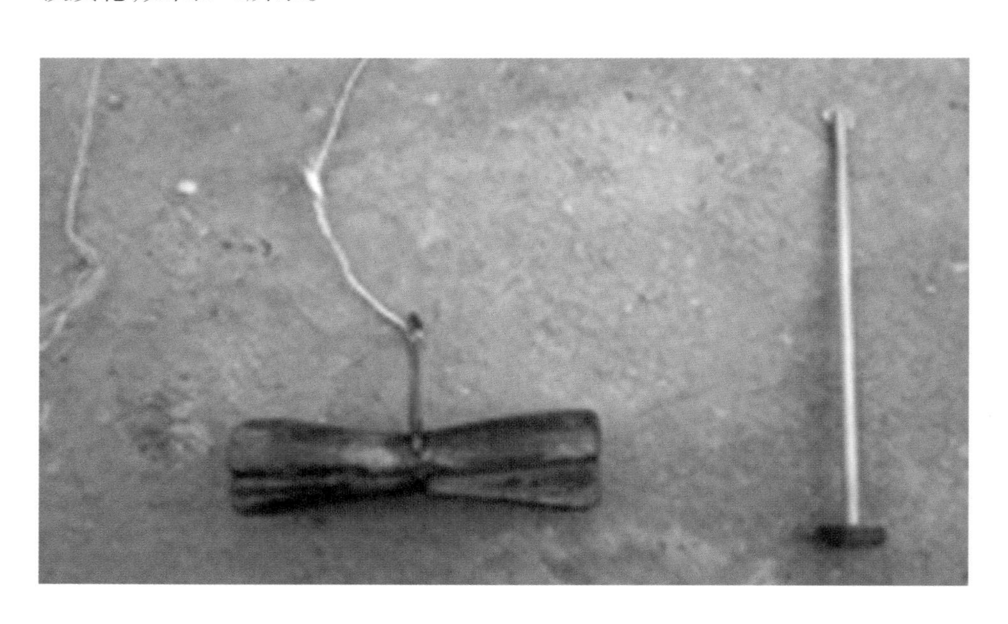

图2-6　纺坠

捻线坨各部位的尺寸如图2-7所示：

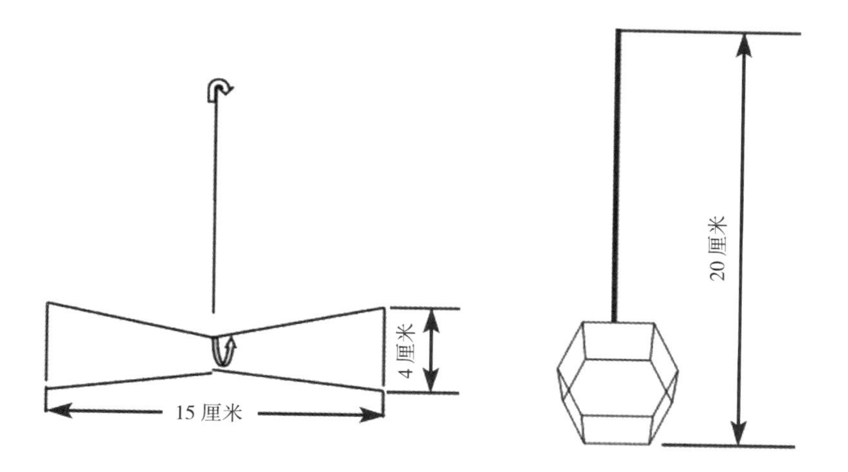

图2-7 捻线坨各部位的尺寸示意图

根据调研，当地纺坠主要用于加捻麻纤维和丝纤维，经过加捻的麻纤维可以用来制作鞋底，主要特点是舒适、结实，尤其适合夏天穿着，这种习俗在农村较为普遍，今天依然存在。

(三)丝籰和络车

丝籰和络车(图2-8)是络丝的主要工具。经过缫丝之后的丝线因断头、粗细不匀等原因而不能直接上机织造，必须经过络丝整理，络丝就是将经

丝籰

络车

图2-8 丝籰和络车

过缫丝工序的丝线缠绕到丝籰上。丝籰是四根木棍经短辐交互连成的，中贯以轴，木棍高度为30厘米，短辐长5厘米[16]。使用时手持轴柄，用手指拨转，将丝绕在四根木棍形成的框上面，这样就提高了络丝的工作效率。络车，是把缫车上的丝线转到丝籰上的工具。络车由底座和络丝架子组成，总高度为74厘米，四根木棍长度均为36厘米，对角木棍的长度为80厘米。络车的使用方法和古代文献记载的北络车一样，右手转动轴柄以带动丝籰，左手理丝并将其绕在丝籰上。这两种纺织机具在明清时期至20世纪60年代以前是潞绸生产中不可缺少的工具，现代，泽潞地区少数的家庭丝坊中为了降低生产成本仍然使用，多数生产者已直接使用当地丝织厂生产的纬纱。看似简单的络丝工具，不仅提高了生产效率，还改进了丝线的质量。

二、潞绸织机

在中国古代社会，随着经济的发展和社会生产力的提高，各种纺织产品不仅是皇家贡品，也是经济领域的重要商品。社会的需求促进了织造技术的不断进步，潞绸织机的演变与中国古代丝绸织机的发展相吻合，开口、引纬、打纬等技术的逐渐完善，使得织机的形制不断改进，一方面提高了生产效率，另一方面增加了花色品种，促进了丝织业的繁荣。

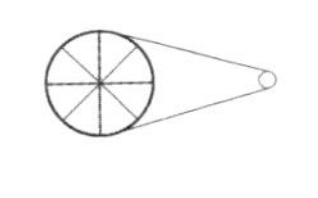

（一）立机子

泽潞地区是黄河流域传统手工业发展的重要区域，冶铁和织绸是当地流传最久、最为发达的手工业门类。清《乾隆潞安府志》中记载："上党居万山之中，商贾罕至，且土瘠民贫，所产无几，其奔走什一者，独铁与绸耳。[9]"可以看出，丝织业发展历史久远。经历了五代十国的战乱，宋代之初施行了一系列的恢复农业生产的措施，伴随着农业的不断恢复和发展，纺织业也达到了空前的繁荣。虽然棉花开始大面积种植，但是传统丝织业依然得以发展，宋代缂丝成为我国丝织品中最受人珍爱的品种之一。在纺织机械领域，我国最主要的发明是水转大纺车，这是世界上最早的水力纺织机械。泽潞地区开化寺壁画中的立机子（图2-9）也是研究宋元纺织机械的重要资料。

位于晋城高平市的开化寺始建于北齐武平二年（571年），初名清凉寺，宋天圣八年（1030年）改名为开化寺，并且进行了大规模的修缮，大雄宝殿

图 2-9 开化寺壁画中的立机子示意图
（摘自徐岩红《高平开化寺宋代壁画中纺车和织机史料研究》）

内绘制了壁画，也就是现存的开化寺壁画。壁画以传统佛教传记故事为主题，其中位于大雄宝殿西壁中部的《观织图》（图2-10）是研究宋代泽潞地区纺织机械的重要图像资料，也是该地区现存最早的纺织机械史料。《观织图》描绘了妇女纺线、织布的场景，所用的织机为单综双蹑立式织机。

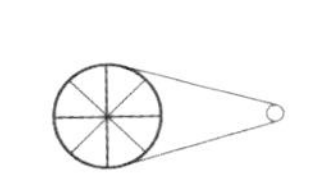

图 2-10 《观织图》

综蹑织机是继原始织机之后的纺织机械，是带有脚踏提综开口装置纺织机的通称，其使织工的双手专门用来投梭和打纬，提高了生产效率。综蹑织机在战国时期已经出现，按经面角度可分为斜织机和立机子，斜织机更为普遍。立机子形成于魏晋之间，在国内可查的资料较少，主要有元代薛景石的《梓人遗制》、甘肃敦煌莫高窟五代时期壁画《华严经变》、唐末敦煌文书中“立机”之棉织品名、明代仇英所作的《蚕宫图》，以及潞绸产地高平开化寺壁画《观织图》，其结构大致相同。结合历史文献记载及图像资料，可以推测，在宋元时期，立机子已得到广泛推广，而且元代所作的《梓人遗制》被收录到明代《永乐大典》中，证明其在明代仍然使用。

高平是潞绸的主要产地，开化寺壁画中的立机子为探寻宋元时期潞绸的织机提供了佐证。元代薛景石是山西万荣人，万荣邻近潞绸的产地泽潞地区，其《梓人遗制》中也详细记载了立机子，证明这种织机当时在山西境内普遍存在。据郑巨欣教授对《梓人遗制》中立机子用材、功用记载的说明，以及徐岩红博士对开化寺壁画中立机子的分析，立机子的主要部件及功用见表2-1。

表 2-1　立机子的主要部件及功用

编号	部件	尺寸	功用
1	机身	长 55～58 寸，径广 2.4 寸，厚 2.0 寸	支撑立机子的两根直立木与两根斜木架，长与宽确定了立机子的规格
2	小五木	长 1.6～1.8 寸，宽随机身，方广 0.8 寸	机身上端的一根横木，装有掌手一对，以固定滕子移动
3	上前掌手	长 9.0 寸，广 1.8 寸，厚 1.2 寸，卯入 3.4 寸	限定掌滕木上下移动方向的工具
4	大五木	长随立机宽	即中轴。后装引手，由脚踏板牵动；前装掌手，支撑掌滕木；下装垂手，推动综片运动
5	下前掌手	长 9.0 寸，广 1.8 寸，厚 1.2 寸，卯入 3.4 寸	支撑掌滕木的下端
6	引手	长 12.6 寸，广 1.8 寸，厚 1.2 寸，卯入 7.6 寸	通过连杆与踏板相连
7	马头	长 22 寸，宽 6 寸，厚 1～1.2 寸	一对伸出机身的木板，上面有眼以承受分经木、高梁木、约缯木等部件
8	豁丝木	长约为 31 寸	即分经木，用于分经开口
9	高梁木	长约为 31 寸	固定经丝位置
10	约缯木	长约为 31 寸	装配鸦儿木
11	鸦儿木	长 9 寸，宽 2.3 寸	上下端分别与曲胳肘子和悬鱼儿相连

续表

编号	部件	尺寸	功用
12	曲胳肘子	长 2.2 寸,宽 1.6 寸	前后各连接鸦儿木和垂手
13	悬鱼儿	长 1 尺,宽 1.8 寸,厚 0.8 寸	即综框,通过绳子与马头相连
14	掌滕木	长 16 寸,宽 2 寸,厚 0.8 寸	用于支撑滕子,由下前掌手支撑、上前掌手扶持
15	滕子	长 36 寸,宽 2 寸	由滕轴和滕耳组成,用于固定经纱
16	卷轴	长随机身,宽 2 寸	缠绕经线的轴,两端有轴牙以调整、控制长度
17	脚柱	前柱长 24 寸,后柱长 22 寸	前后脚柱靠机胳膝和顺栓与机身相连接
18	机胳膝	长 15 寸,宽 2.5 寸,厚1.2 寸	穿过机身和前后脚柱
19	顺栓	宽 2 寸,厚 1 寸	中间穿过机身,两端穿入前后脚柱
20	脚踏五木	长随立机宽,宽、厚不定	安装踏板的横档
21	兔耳	长 6 寸,宽 2.4 寸,厚 1 寸	安装两片踏板
22	长脚踏	长 24 寸,宽 2 寸,厚 1.4 寸	
23	短脚踏	长 18 寸,宽 2 寸,厚 1.4 寸	
24	横榥	长随机身	位于两机身之间,2～3 根,用于固定机架并限制部分零件的活动空间
25	连杆	分别长 29 寸和 42 寸,宽 1.5 寸,厚 1 寸	两根连杆分别连接左引手与短脚踏、右引手与长脚踏,是将脚踏运动传递到后引手上的媒介
26	筘	长 24 寸,宽 1.4～1.6 寸,厚 0.6 寸	位于织机下端,用来控制经丝密度和布幅,通常用有弹性的竹竿悬挂
27	梭子	长 13～14 寸,中心宽 1.5 寸,厚 1.2 寸	中心钻蚍蜉眼儿,即纬丝引出之口

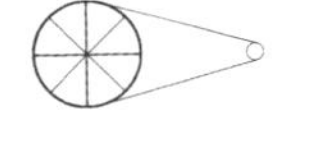

中国丝绸博物馆根据《梓人遗制》对立机子部件、尺寸的记载对其进行了复原，如图2-11所示。立机子的基本机械原理是：织工踏下长脚踏板带动连杆将右引手顶起，中轴向前转动，前掌手下降，滕子下降张力减少，与此同时，中轴上的垂手向后移，拉动曲胳肘子，带动鸦儿木一端向后移动，另一端就把悬鱼儿往前拉，综片提起经线完成一次开口。织工踏下短脚踏板，与之相连的连杆被下拉，中轴向后转动，前掌手上升，顶起掌滕木，滕子上升，垂手向前移动，推动曲胳肘子，悬鱼儿通过鸦儿木得到放松，穿过综片的一组经丝被放松，由曲胳肘子中间压经木控制的一组经丝即位于经丝上层，形成新的开口。从这一开口及机械运动方式可以看出，通过长、短两根

图 2-11　中国丝绸博物馆复原的立机子

脚踏板控制综片的升降，使经线分成上、下两层，形成开口，实现经纬交织。织成规定的布匹长度时，扳动经轴的轴牙用以放经，同时转动卷布轴的轴牙将经纱张紧以便继续织造。

立机子主要用于织造平纹织物，其优势是长短两根脚踏板取代了织工的双手开口提综，使织工的双手被解放出来专门用于投梭和打纬，极大地提高了生产效率。但是，立机子具有其自身的缺陷，因此不及斜织机使用广泛。立机子的主要缺点是，其经轴位于机架的最上方，致使经线更换不便。斜织机的打纬是前后运动，而立机子是上下运动，这样不易控制纬线的均匀度。立机子是单综双蹑织机，也不能增加综片，故不能织造花色织物。

北宋高平的开化寺壁画、元代薛景石的《梓人遗制》，以及明代《永乐大典》中所收录的《梓人遗制》，三者相互印证，证明了立机子历经宋、元、明三代的发展与推广，图2-12为《梓人遗制》中的立机子。相关研究表明，踏板立

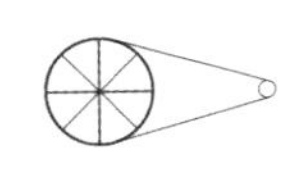

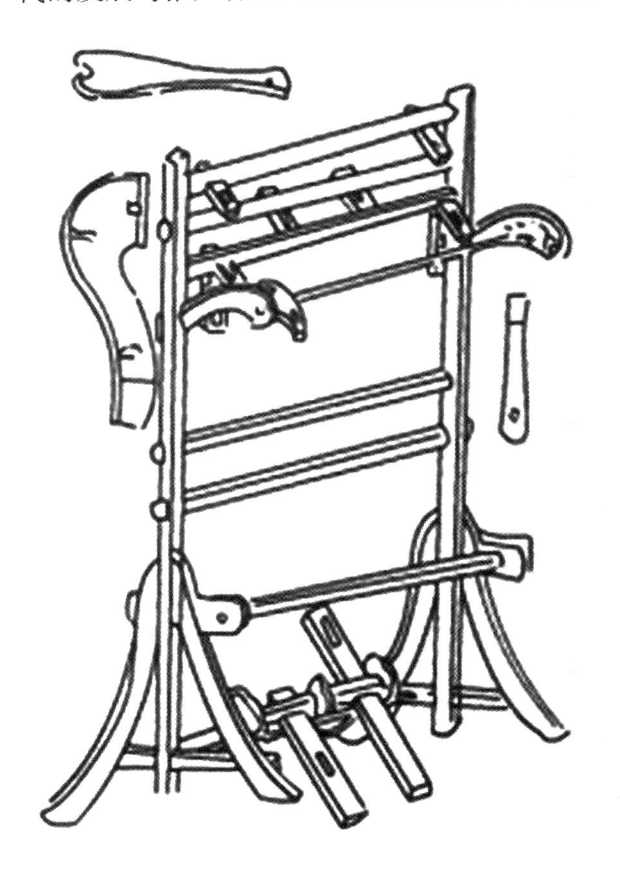

图 2-12　立机子
（摘自《梓人遗制》）

机最迟在唐末五代时就已经出现了。潞绸的产地山西东南部地区在唐代就已经成为黄河流域重要的纺织中心，明代发展成为四大丝织中心之一，立机子能够在壁画中被记载，证明了当时其在当地使用的普遍性，因此可以推断立机子是明代之前潞绸的主要织机之一。

（二）小机

根据壁画上的图像以及《梓人遗制》可以推断，宋元时期，单综双蹑的立织机是泽潞地区纺织生产领域的一种主要机型，但在泽潞地区的实际调研中并未见到。可以推断，潞绸的鼎盛时期——明清时期，立机子已经不是主要的机型，而当地流传至今的小机应该是织造潞绸平纹织物的主要机型，这种织机在当地也被称为腰机（图2–13）。明代宋应星所著的《天工开物·乃服第二·腰机式》指出，凡织杭西、罗地等绢，轻、素等绸，巾、帽等纱，不必用花机，只用小机[17]。这与当地小机的名称及用途相吻合。

图 2–13　腰机（小机）

我国古代织机依据经面的方向，主要可以分为水平式织机、斜织机和立织机。斜织机出现的具体时间并没有详细的史料记载，只能从出土的江西贵溪岩墓中的织机零件和汉画像石推测：完成斜织机的改革至少可以追溯到战国时期。斜织机是简单的综蹑织机，从综蹑的数量及连接看，主要包括单综双蹑、单综单蹑、双综双蹑三种形式。但其最根本的特点是经面与水平的经座呈50~60度的倾角，织工可以很清晰地看到开口后经面的平整度。

元代王祯所著的《王祯农书》以及薛景石所著的《梓人遗制》中，均出现了“卧机”一词，这是中国最早的关于卧机的文献记载。明代宋应星所著的《天工开物》中记载了腰机。根据陈维稷教授对于织机的划分，元代的卧机、明代的腰机均属于斜织机。赵丰对古代卧机的研究认为，“从日本对卧机的解释和元代两部著作的图例来看，卧机是指一种单综单蹑式的有架踏板腰机。这种卧机在后世有许多种不同的称呼，如腰机(《天工开物》)、打花机(湖南)、夏布机(江西)、罗机(江苏)、织布机(陕西)等，在中国民间分布极广，类型颇多。卧机的基本特征是机身倾斜、单综单蹑、依靠腰部来控制张力”。腰部张力则主要由腰带(图2-14)与卷布轴两端相连接来控制。可见，卧机种类繁多，流传甚广，遍布于民间的各个角落，但其基本操作原理及构件相仿。

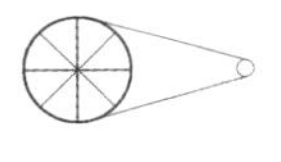

图2-14　腰带

因此可以认为，卧机是斜织机的一种，单综连单蹑。泽潞地区的小机具备了斜织机中卧机的基本特点，故是卧机的一种。可以这样认为，小机是元代小布卧机子、明代腰机的延续，因其占地小、操作方便而在泽潞地区流传甚广。

图2–15为小机结构图，小机的机架由立机身和卧机身两大部分组成，机身总长1.6米，高1.7米，宽0.75米，包括具有开口、引纬、打纬、送经、卷取等功能的部件，表2–2为小机的主要部件及功能。

卧机分为直提式和提压式两种，二者在不同的地方都广为传播。直提式卧机由两根卧机身和两根直立脚柱组成机架，提综杆架在直立脚柱组成的机架上面，中间是一根转轴，轴后有一根短杆，通过绳索与脚相连，起到

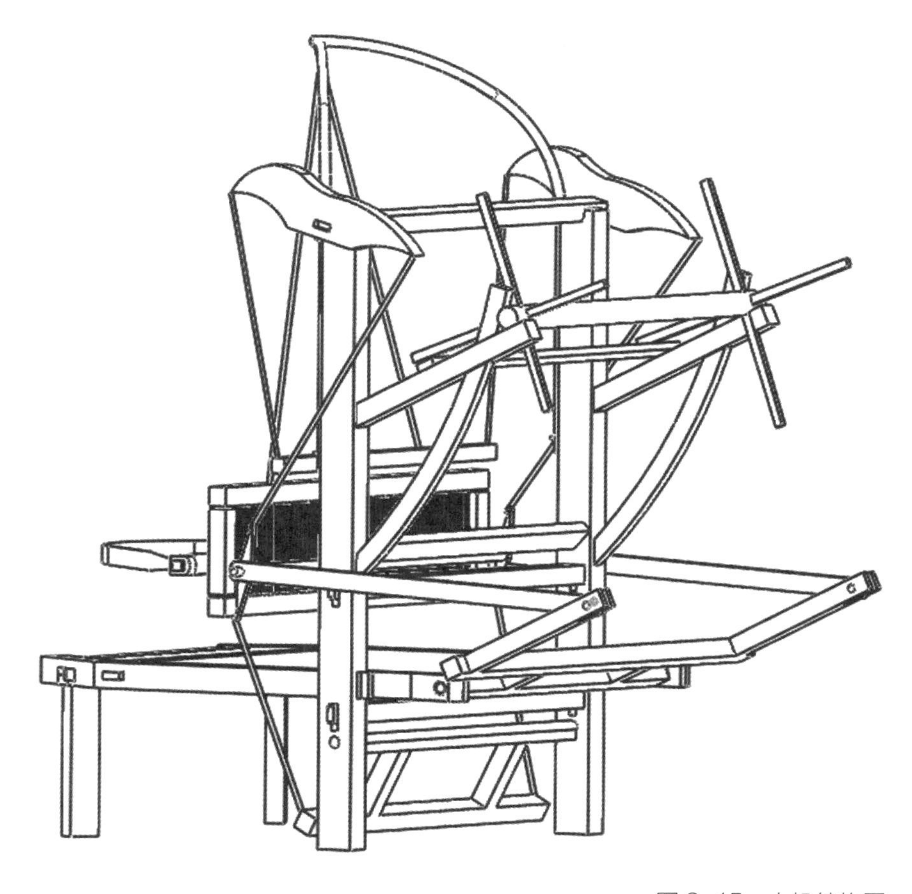

图 2–15　小机结构图

表 2－2　小机的主要部件及功能

项目	部件	功能
开口部件	综片	提升综片，形成开口
	鸦儿木	连接综片与脚踏板
	脚踏板	踩踏脚踏板，带动综片
送经部件	卷经轴	缠绕经线的轴，两端有轴牙以调整、控制长度
	压经杆	将经面分成上下两部分
卷取部件	卷布轴	缠绕织成的布匹的轴
	腰带	用熟皮做成，两端与卷布轴相连，系于织工腰间
引纬部件	梭子	穿经引纬
打纬部件	筘	控制布幅宽度与经纱密度
其他	吊杆	两根竹竿，紧靠立身子，将筘吊起
	脚柱	四根，用于支撑机架
	马头	支撑、固定经轴
	豁丝木	位于立机身上面

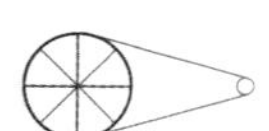

脚踏板的作用。轴的前面是两根短杆，用于提起综片。织造时，分经杆将经面自然分成上下两层，当织工用脚拉动提综杆时，综片提起，形成提综开口，由此称为直提式卧机。这种织机最早出现在成都土桥曾家包东汉画像石上，20世纪在少数民族地区尚有遗存。

直提式卧机与提压式卧机的异同点对比见表2–3。

表 2－3　直提式卧机与提压式卧机的异同点对比

类型	相同点	不同点	
		张力补偿	提综
直提式卧机	机架由立机身和卧机身两部分组成	没有	用脚拉动提综杆
提压式卧机		压经杆起到张力补偿的作用	通过鸦儿木连接了脚踏板与综片

泽潞地区的小机与《梓人遗制》中的小布卧机子和《天工开物》中的腰机同属提压式卧机。机架由立机身和卧机身组成，前后四根脚柱，直立机身

上部是一对鸦儿木,鸦儿木前端连着综片,末端连着脚踏板,脚踏板与鸦儿木相连的中间是压经杆。马头位于机身后端,经轴固定在马头上。筘上的两根竹竿用麻绳悬挂,两根竹竿分别紧靠立机身的上端固定,借助弯竹竿的弹力打纬。系于织工腰间的腰带与卷轴相连,通过织工的腰部来调节经线的张力。当织工踩下脚踏板时,与鸦儿木另一端相连的综片提起,形成提综开口,压经杆将另一组经丝压下,使得张力补偿所形成的开口更加清晰;放开脚踏板时,织机上的分经杆重新形成开口。小机上的筘形制相同,规格大小不一,材质也有所不同,有竹质和铁质两种。

根据卧机名称的出现时间以及文献记载,可以得出,小机是明清时期织造潞绸的主要机型,用来织素绸,这与明代所记录的腰机的用途相吻合。明代腰机的大范围推广始于16世纪中后期,结合不同区域、不同民族的地方技术工艺,形成了不同的形制,流传至今。与原始腰机相比,织工的双手得到解放,提高了生产效率;与双综双蹑等多臂织机相比,小机具有体积小、易操作等优点,满足了农民自身的需要,在一定程度上促进了民间丝织业的发展,从而出现了家家户户"弃农织绸"的场景。

(三)大机

潞绸织造的另一种机型是双综双蹑织机,当地称为大机(图2-16),因

图2-16　大机
（晋城乔欣　提供）

为其机身呈水平式,亦称为平机。双综双蹑织机的两块踏板分别控制两片综的提升,两片综轮流起到提经和压经的作用。根据脚踏板与综连接的不同,分为单动式双综双蹑机和互动式双综双蹑机。前者曾出现在南宋时期梁楷所绘制的《蚕织图》(图2–17)中,元代程棨绘制的《耕织图》中也有类似的机型,明代邝鄱编撰的《便民图纂》中依然有这种机型;后者出现的时间相对较晚,应在明清之际,清代卫杰所编的《蚕桑萃编》中记载的是互动式双综双蹑织机。因此,可以推测,双综双蹑织机最初出现在宋代,明清之际逐渐由单动式演变为互动式。泽潞地区流传至今的大机属于互动式双综双蹑织机,这类机型在江南农村中称为绢机,也用来织棉布[18]。

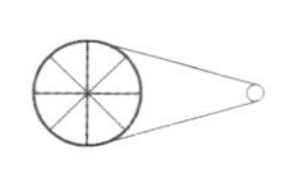

图 2–17　单动式双综双蹑机
（摘自《蚕织图》）

泽潞地区织工使用的水平织机,与卧机相对应,被称为大机,其机身为水平式,因此当地也称其为平板机,为双综双蹑织机。这种机型在《蚕桑萃编》中有记载,所不同的是脚踏板与综框的连接物。《蚕桑萃编》所载是直接以绳子相连的,泽潞地区的则是通过绳子与两根杠杆相连,杠杆分别与两个踏板固定。根据图2–16可以看出,互动式双综双蹑机有长度不同的两个脚踏板,长的脚踏板和机身上与踏板平行的杠杆后端相连接。杠杆连接的方式有助于更好地控制力度,使纹路均匀,而且使生产效率得以提高。

大机在泽潞地区的出现略晚于小机。采访中，我们见到了当时已91岁高龄的织布能手吕蕊莲，她提到自己的织机是由本地师傅仿照河南的织机制造的。据此可推测其产生年代应该是20世纪初，大量推广与使用大概是在新中国成立初期。《中国实业志(山西卷)》也记载说晋城即泽州地区的家庭工业有织布、造纸等，“织布始于前代，其技由河南传入，集中产地在高都镇附近一带”，这也就进一步证实了织布的技术及织机的源流。大机机身呈水平式，大约长2米、宽1.2米。这种机型在丝织业发达时期用来织绸，随着机器工业的发展，木织机逐渐消失，但目前当地仍然用其来生产老粗布。从图2–16中可以看出，这类平机主要由机架、筘、综片(2片)、踏板(2根)、杠杆、坐板、卷布轴、卷经轴组成，与云南省罗平县布依族的木质互动式双综双蹑踏板水平织机(图2–18)有相似之处，尽管在外观上有所区别[19]。

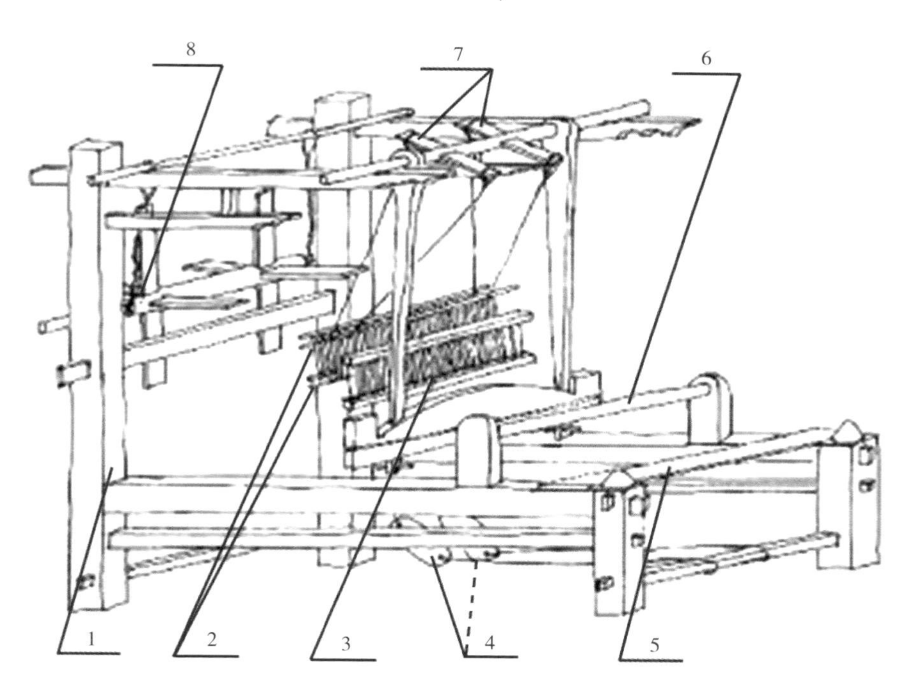

注:图中数字说明参见表2–4。

图2–18 云南布依族水平织机结构示意图
(摘自《云南少数民族传统织机研究》)

大机的主要部件及用途见表2-4。

表2-4 大机的主要部件及用途

编号	主要部件	尺寸	用途
1	机架	长2.1米，宽1米，高2.3米	支撑大机的主要部件
2	综片	2片，长80厘米，宽50厘米	分经，支撑经面
3	筘	木质，长方形，宽80厘米，高10厘米，内置紧密竹丝	梳理经纱
4	踏板	2根，用两根麻绳与两综片下端相连接	提综开口
5	坐板	机身前面的木质板	织工织造时坐的位置
6	卷布轴	圆柱形，直径6厘米	卷绕织造好的布匹
7	杠杆	立机身顶部的两根杠杆，悬挂两片综	利用杠杆原理提升综片，完成经纱开口
8	卷经轴	圆柱形，直径8厘米	卷绕经纱

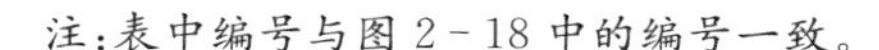
注：表中编号与图2-18中的编号一致。

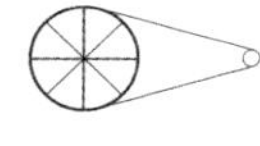

（1）大机由水平机身和立机身两部分组成，机身呈水平式，整个机身长2.1米，宽1米，高2.3米。水平机身部分主要有卷布轴、卷经轴、踏板、分经杆、压经杆、坐板。立机身由杠杆、筘、综片等组成。卷布轴、卷经轴、坐板的长度都与水平机身宽度相当。当地织工在使用的时候将机身后端用砖块支撑起来，使经纱面倾斜。大机结构如图2-19所示。

（2）筘的连接。筘的连接有两种方式，一种是用两根有弹性的竹竿将筘悬挂，借助弯杆的弹力打纬，当地小机上的筘采用的就是这种方式；另一种是将筘悬挂在较重的杠杆上，借助摆杆的力度打纬，大机的筘属于后一种连接方式。直立机身的最上端有两根与水平机身平行的杠杆，分别与筘的两端用皮带连接，筘的下后端由两根摆杆支撑。这样，筘在水平面和立平面两个方向都受到了支撑，使得打纬和压纬更有力度，便于支撑经纱平面和控制经纱密度。

（3）踏板与综片的连接。踏板与综片的连接方式有两种，一种是两个踏板分别与机架上的两个杠杆一端相连，两个杠杆的另一端分别与两片综的上部相连；另一种是两个踏板分别与两片综的下端相连，综片的上端分别

图 2-19　大机结构示意图

连在机架上方一根杠杆的两端。潞绸所使用的大机踏板与综片的连接方式属于后者，两个综片悬挂在立机身上端的中轴上，两个踏板分别和下端两根杠杆的一端相连，两个综片通过两根绳子与杠杆相连，这种连接方式相对复杂。

（4）开口方式。织工踩下其中的一个踏板时，与之相连接的综片下降，另一个综片因杠杆作用被提升，形成梭口。每片综框均具有提经和压经的作用，轮流交替运作。

与小机相比，大机被更多地用于有一定规模的丝坊生产。大机的产生与推广和当地丝织业商品经济的繁荣不可分割，体现了经济发展水平与技术推广之间的互动关系。大机的推广提高了生产效率，丰富了产品；同时，商品经济的繁荣又加速了大机的推广，促进了技术的革新。小机，即腰机在当地用来织粗布、织素绸，一般只供自家使用，而用于交易的丝织品则使用专门的丝绸织机织造。丝绸织机有四种不同的织机，包括平板机（即平机）、大花机、小花机、绫条机，200头为平板机，6000头为大花机，3000头为小花机，50头为绫条机。

（四）多综多蹑织机

脚踏提综技术的发明，使得综和蹑的数量不断增多，出现了多综多蹑织机，也称多臂织机（图2-20）。它的特点是综与蹑的数量对等，一个踏板控制一个综框，可以用来织花边、散花绫、花锦等织品。根据出土的春秋战国至秦汉时期的实物推断，多综多蹑织机形成于战国到秦汉期间，最早且明确的记载见于西汉末刘歆（？—23年）所著的《西京杂记》中，所载的综蹑数高达120根。至唐代，丝绸之路上出土的大量花纹循环不太多的丝织品，均可用多综多蹑织机织造。多综多蹑织机的特点是产量高，结构简单，品种适应范围广。明清时期，已经以多综多蹑织机的台数作为衡量生产规模的依据。多综多蹑织机流传最久远的是四川的丁桥织机，可以织出不同的花边和品种，如凤眼、潮水、散花、冰梅、缎牙子等几十种花边，以及五色葵花、水

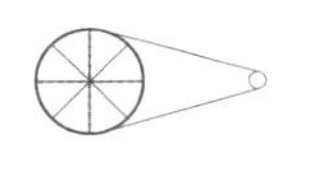

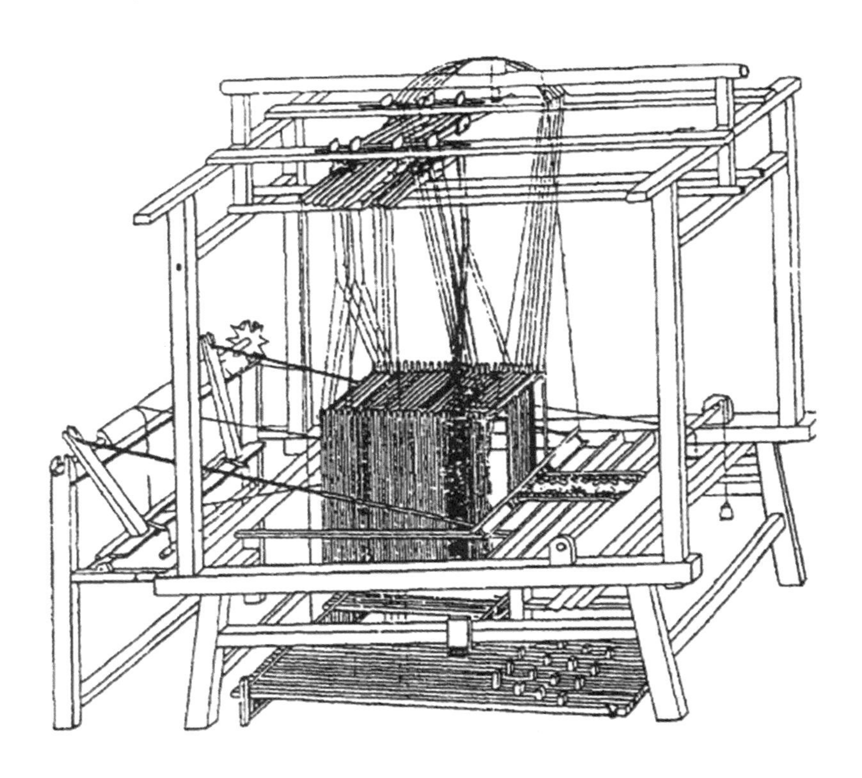

图2-20　多综多蹑织机（多臂织机）结构示意图
（摘自《中国纺织科学技术史（古代部分）》）

波、"卐"字、龟纹、桂花等十多个品种[20]。生产时加挂综片和踏板的数目视品种花纹的复杂程度而定。

多综多蹑织机虽然可以用于织造花纹，但是也有缺陷。一方面，多综多蹑织机的成本较高。这其中包括两个方面的因素：其一，多综多蹑织机的机型较为庞大，制作成本相对较高；其二，由于综框提升高度较大，需两人同时织造，所以劳动成本较高。另一方面，多综多蹑织机操作不方便。多综多蹑织机虽可织造多种花纹、图案，但必须增加综蹑的数量，因此踏杆排列过宽，不便于踩踏；而且两个织工同时操作，对织工的技术要求较高，为织造带来了困难。从以上分析可以得出，此类机型并不适合在民间丝坊使用，因此并未得到普遍推广，民间丝坊织造花纹更多使用的是提花机。

泽潞地区现存的多综多蹑织机用于生产专门的品种：乌绫和水纱。两种产品均为纯黑色，前者用来做头帕，后者在北方戏曲表演中使用。乌绫作为中老年女性的饰品在20世纪60年代逐渐消失，传统工艺随着市场消失而消失。但是，水纱由于北方戏曲的传承而得以保留，因此，传统的多综多蹑织机仍有使用。其结构如图2-21所示。

图2-21 多综多蹑织机结构示意图

图2-22为泽潞地区现存的多综多蹑织机。

图 2-22　泽潞地区现存的多综多蹑织机

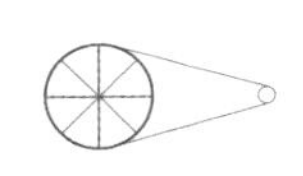

多综多蹑织机主要由立机身和水平机身两部分组成，机身总高度为235厘米，脚柱高80厘米，立机身高175厘米，两根立机身机柱之间的距离为143厘米。立机身的主要部件及用途见表2-5。水平机身由机柱支撑，距离地面80厘米。

表 2－5　立机身的主要部件及用途

编号	部件	尺寸/材质/数量/形态	用途
1	杠杆	2根，木质	固定立机身，并且将鸦儿固定在其中一根杠杆上
2	鸦儿	5根，用竹子做成，形状犹如鸟的翅膀	一端吊挂综框，另一端吊挂横悠，连接综框和横悠
3	横桄	立机身前部有4根，后部有2根	支撑、固定机架
4	综框（泛子）	5片，每片长85厘米，由鸦儿一端的竹竿悬挂，综丝用丝线或钢丝做成，吊综框的杆长度为87厘米	综丝装在综框上，跟随框架上下运动，同时拉动经纱，形成开口，纬纱穿越开口，从而完成引纬过程
5	横悠	5根，与综框、踏板的数目一致，长度与织机的宽度一致	通过竹竿和绳索与鸦儿的一端相连，横悠由横悠支架固定，横悠距离地面大约40厘米

注：按由上而下的顺序编号。

水平机身的主要部件及用途见表2–6。

表 2－6　水平机身的主要部件及用途

编号	主要部件	尺寸/材质/数量/形态	用途
1	座板	一块，放置在水平机身的前部机架上，长度略小于机架宽度	织造者座位
2	卷布轴（龙轴）	长度110厘米，两端固定在机架上	用于卷绕织成的成品
3	幅撑（幅帐）	在卷布轴和筘之间，呈圆弧形撑开经面	减轻经线在梭口形成过程中向中间汇聚而对筘形成的压力；支撑经面，保持面幅
4	筘	筘一般由800根较细的竹丝排列而成，由两根绳索悬挂在立机身上端的杠杆上。筘由卧悠以及卧悠拉杆控制，卧悠拉杆长115厘米	筘的密度决定布匹的经纱密度

续表

编号	主要部件	尺寸/材质/数量/形态	用途
5	撑经杆	机身前后各一根，长度为 88 厘米	支撑经面
6	分经棍（绞锟）	两根，长度为 74 厘米	将经面分成上下两层，两端分别由两根绳子吊挂两个木坠以增加绞锟的重量
7	卷经轴（缯）	长度为 80 厘米	用于缠绕经线
8	滑拉杆	位于机身后部（卷经轴下方），长度为 95 厘米	与花子、卷经轴一起控制卷经轴

注：按由前到后的顺序编号。

用于织造潞绸的机型是具备卷经轴、分经棍、卷布轴、撑经杆、鸦儿、横悠、踏板、筘和机架的水平式多综多蹑织机。织机利用杠杆原理，采用脚踏提综开口的装置，通过踩踏板来控制综框的升降，形成一个三角形的开口。鸦儿位于立机身顶部，固定在顶部的杠杆上面，一端用五根吊杆将五个综框悬挂，另一端的吊杆悬挂五根横悠，再由绳索分别与五个踏板连接(图2-23)。五个踏板从左到右编号为1、2、3、4、5，综框和横悠从机身前到机身后依次为1、4、2、5、3。脚踏板带动横悠，再通过鸦儿带动综框，最终由综框的升降来实现经面的开合。双综双蹑织机的卷经轴置于水平机身的尾部，两根分经棍将经面分成上下两层。

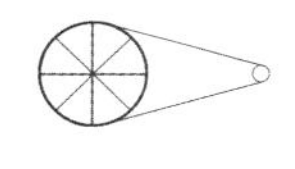

织造时，织工坐在水平机身前端的坐板上，当织工踩踏第一根踏板时，与踏板相连的吊绳拉动相应的第一根横悠，使其下降。鸦儿另一端所连接的第一片综框上升，形成一个开口。此时，手工穿梭，向前拉动筘打纬，完成了一次开口和一次打纬。依次踩踏第2、3、4、5根踏板，与踏板相连的吊绳带动横悠，顺序为4、2、5、3，另一端的综框也按照与横悠相同的顺序提升，依次踩踏，完成一个织造过程。当织好一段布匹时，先扳动卷经轴一端的轴牙放经，接着扳动卷布轴一端的轴牙张紧经面，继续织造。

明清时期泽州地区流传至今的多综多蹑织机为水纱机，也是目前全国

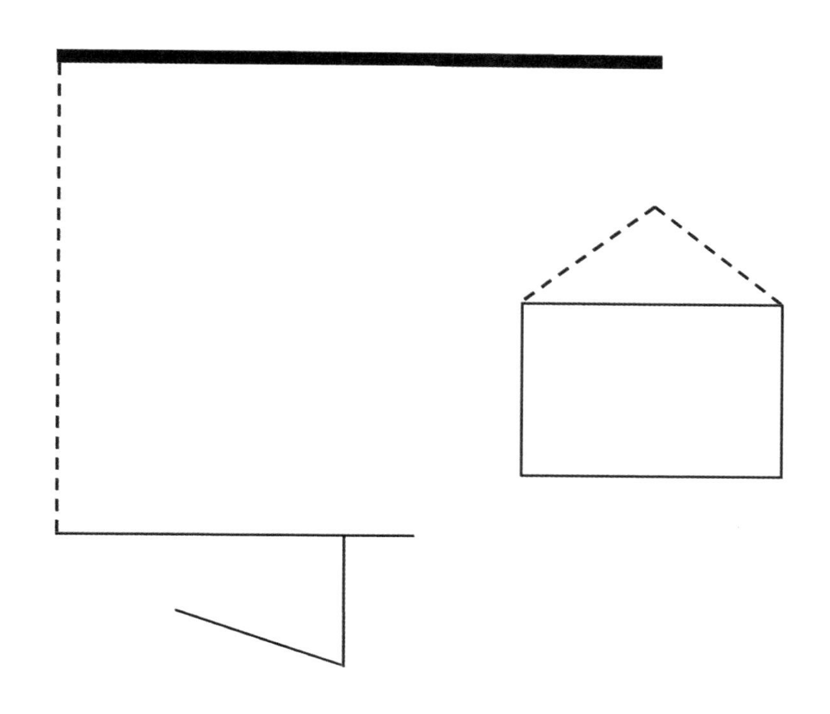

图2-23 踏板与综框连接结构示意图

唯一生产水纱的手工织机。水纱机由水平机架和立机身两大部分组成，机身总长2.5米、宽1米，立身高度为2.33米，两个立机身机柱之间的距离为1.43米，机柱高80厘米。水平机架包括机柱、分经轴、卷经轴、撑经轴、筘、卧悠等，立机身由立机柱、杠杆、鸦儿、综片、踏板、横悠等组成。依照水纱的组织结构，将脚踏板、综片、横悠按一定的顺序排列。水纱机除了用来生产水纱，还可以生产乌绫。乌绫是明清直到民国时期一种重要的丝织品。

(五)花机

花机与其他织机的主要区别是花机机身上方有花楼，能够织出较大面积的花纹图案。大花楼提花机是我国传统提花机发展的顶峰，苏州丝绸博物馆在研制仿古织机时，参考古代有关资料，大体确定了大花楼提花机整机全长5.55米、宽1.30米、高3.63米。织造云锦所使用的大花楼提花机是唯一延续到现代的提花机，共有120余个部件，主要特点是能够织出大图案、多色彩、组织变化丰富的各类提花织物[21]。

薛景石的《梓人遗制》中记载了元代提花机的式样，即“华机子”（图2–24）。也有学者指出，《梓人遗制》中的华机子的机框较宽阔，经轴、筘框、吊综杠杆等构件配置齐全，并注明尺寸大小，机身长8~8.6尺，宽3.6尺，高8~8.6尺，这种机型成为晋东南潞安府地区普遍使用的提花织机机型。

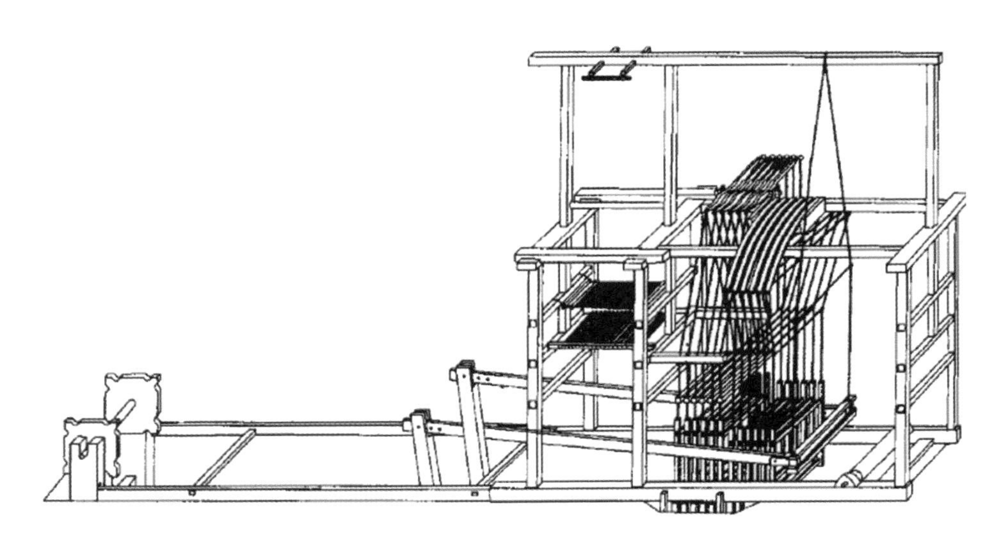

图 2–24　华机子立体结构图
（摘自《梓人遗制》）

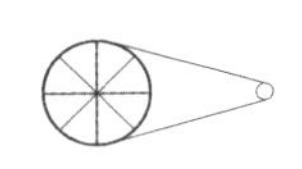

但根据当地的老艺人所述，在使用铁木织机之前，当地使用的提花机形制与明代提花机相似。宋应星《天工开物·上篇·乃服篇》中记载的明代提花机（图2–25），机身长16尺，花楼下挖机坑2尺许，挽花工坐立于花楼木架上，机身后部以经轴卷丝。机身中间是打纬的筘座，摆杆叠助木二支，直穿二木，大约四尺长，尖头插于筘的两头。整个经面分两节，前一节，即花楼木架前导经棍的一段，经面平方；后一节，即导经棍到织口的一段，自花楼向身一节斜倚低下一尺多，以利于打纬，并且使经线有一定的张力。不同的纬密，可以用改变叠助木上所绑石块的重量加以调节。

传统织绸老艺人讲述，花机是由本地工匠制作的，且世代相传。整台提花机的机身长6~7尺、宽5尺、高9尺，应为小花楼提花织机。提花织机与上述

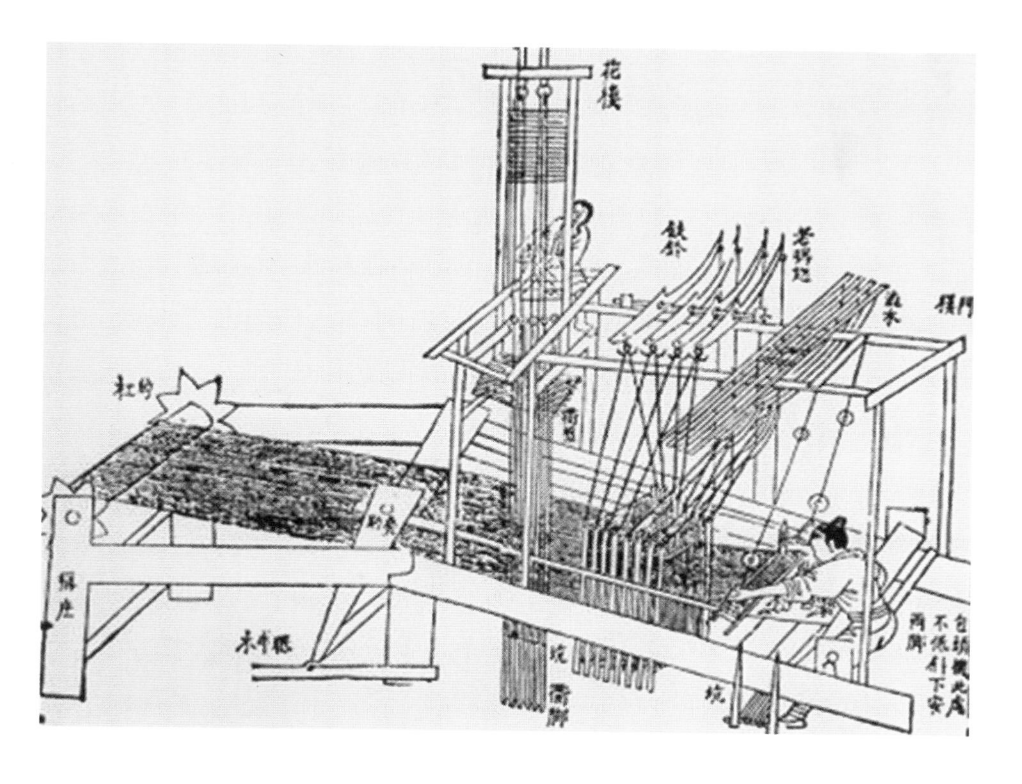

图 2-25　明代提花机(潞绸织造的主要机型)
(摘自《天工开物译注》)

各类织机的不同之处主要在于装造系统和花楼,装造系统垂直地装在花楼上,由通丝、衢盘、衢丝、综眼、衢脚组成。通丝称为纤线,数量根据花数循环确定,当地的花楼机上面有110根纤线。这种机型在二十世纪五六十年代便逐渐消失。提花机由2名织工负责织造,1人坐在花楼上面负责挽花,1人坐在座板上负责打纬,织造的基本口诀是"来几去几"。当地的传统织物有五角绫、八角缎,织造五角绫的提花机有5个踏板、5个泛子和5个栈子,织造八角缎的有8个踏板、8个泛子和8个栈子。提花机较一般织机长且有花楼,故穿经的时候较为复杂,一般5名织工各司其职,2人负责泛子,1人负责卷经轴,1人负责绞棍,1人负责穿筘。20世纪60年代后,木织机逐渐消失,高阳花楼机成为织造提花织物的主要机型。

第二节 基本织造工艺流程

作为一种丝织技艺，潞绸的工艺流程主要包括缫丝、精练、络丝、轮经、投梭打纬、穿经、穿梭打纬、打码子、接头（了机）等步骤。

一、缫丝

缫丝这一工序是在室外进行的，事先要盘一个高1米左右的大火炉。缫丝的基本要求如下：①水要很清。使用泉水最好。如果用河水，必须提前半个月准备好，充分沉淀，避免有杂质。②生火用的柴要干，不能用有湿气的柴；火要保持不大不小，即水烧开后需保持恒温。③锅要保持干净。锅的深度大约为25厘米，直径约为1米。

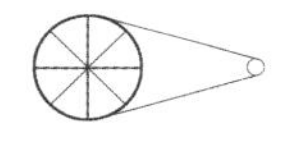

当地缫丝有两种方法，即热缫法和冷缫法。基本步骤如下：

热缫法。水将要烧开的时候，放入蚕茧约20个，浮在水面上，不能放太多。水要保持恒温，温度为95~100 ℃，但不能一直处于沸腾状态。缫丝人右手拿捞丝帚，或三四只筷子亦可，把锅里的茧朝一个方向轻轻搅动。茧煮开能挑出丝时，把丝头带出水面，用左手拿住丝头，在水面轻轻提几下，这个过程必须不快不慢。然后右手放下捞丝帚，捻住丝头下面的清丝，左手把粗的丝头摘去，再把清丝穿进丝眼（图2–26）。丝眼的作用是去除杂质，控制粗细，防止茧穿过。六七根或七八根合成一股的丝最好，叫七丝，最细，货的档次最高，十一二根抽成一股的次之，二十根合成一股的就是粗丝。一般十个茧一起挑的居多。而后引响绪（图2–27），交互一转，将丝从响绪送入丝秤上的丝钩，再从丝钩搭上车轴，拴在贯脚横梁上，用脚踏板，轴旋转，丝环绕在轴上。当轴上的丝有200克左右时，就要将丝卸下。

冷缫法。在丝锅左边放一个大盆，最好是瓷质的（当地也使用石槽），盆内装入温水至九分满。把木牌安在盆上面，缫丝人从茧锅内提出丝头，一只手拿住清丝，另一只手用漏瓢舀茧倒入大盆。然后把清丝穿入木牌上的丝

图 2-26　丝眼

图 2-27　响绪

眼，其他步骤与热缫法相同。冷缫法制成的丝叫冷盆丝，也叫水丝，光泽格外好，为丝中上品。

缫丝的时候要注意丝锅里水的状况、茧的数量，以及检查丝线是否穿过丝眼、是否出现断丝等情况。丝锅里的水如果出现浑浊，就舀去三分之一，加入同样温度的水后继续使用，或是酌情更换。茧的数量要保持在20个左右，少几个就添加几个。如果丝忽然中断或者新添的茧未上丝眼，必须另外挑丝头搭入，称为搭头。潞泽地区的丝多是黄丝，一把2千克的丝，需要20千克的茧。热缫法和冷缫法使用的缫丝车如图2-28所示。

图 2-28　缫丝车

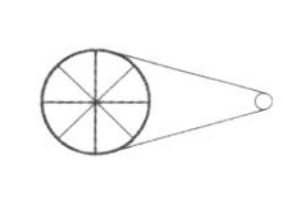

二、精练

生丝较硬，为了令其变软，人们会把水、碱和丝放在一起煮，丝软了后捞出来晾干，再进入下一工序，这就是蚕丝精练的民间方法。如果要染丝的话，就将水煮沸后放入颜料和丝，然后再煮，上了色的丝挂在木杆上晾干即可。生织匹染不需要经过染色这一步骤。

三、络丝

经过缫丝、精练的丝缕不能直接用于织造，还必须经过络丝，络丝就是把缫成的丝络在丝籰上。络丝是由络车和籰来完成的，南、北的区别主要在于络车，因此，中国传统络车分为南络车和北络车，它们在构造和用途上有所不同，但都应用了轮轴原理，劳动者左右手分工：一手抛籰，一手理丝绕到籰上。北络车（图2-29）是右手牵绳掉籰，左手理丝绕到籰上。络丝这一工序加快了纺纱的速度，方便了牵经络纬的工序。目前，这一传统的络丝方法在泽潞地区的个别地方仍在使用，多是一些小型的家庭作坊在用。为了节约人力和时间，生产规模较大的作坊通常会直接购买络好的丝线。

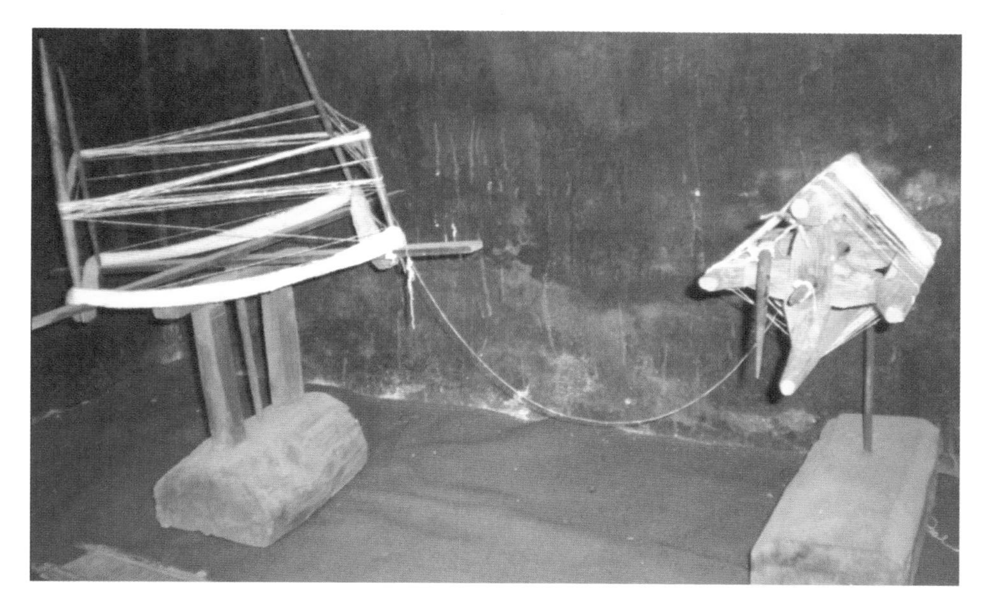

图 2-29　北络车

四、轮经

络成后的丝即可开始整经，即牵经，当地人称之为轮经，这是织造准备的主要工序之一。将一定数目的经线坨按照特定的规律整齐排列在地上，并且牵于经轴上。整经工艺根据所用的经具可以分为经耙式和轴架式。经耙式整经是我国古代整经的主要形式，包括齿耙式整经和横式经耙整经。齿耙式整经工艺有立式和卧式两种类型，二者的主要区别在于经耙的位置，立式的经耙是直立在地面上的，卧式的经耙是平放在地面上的。轴架式整经工艺出现的时间比齿耙式整经工艺晚，根据记载，最早的图谱首见于宋代，如南宋吴皇后题注本《蚕织图》、梁楷《蚕织图》中有所描述。在元代的《王祯农书》、明代的《农政全书》等中有了更为详尽的图文描述。

潞绸的整经工艺中，这两种整经法都有，至今仍在使用的是轴架式整经法，如图2-30所示。但是也有地方一直使用卧式齿耙式整经法，如图2-31所示。

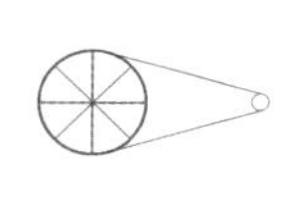

图 2-30 轴架式整经示意图

轮经所使用的工具由经轴（图2-32）、掌扇（图2-33）、轮经车（图2-34）、卷经架（图2-35）和卷经轴等几个部分组成。轮经车由机架支撑，整个机架长237厘米、高103厘米、外宽120厘米、内宽100厘米，中间轮车的半径77~78厘米，横杆的长度96厘米。图2-36为轮经车结构示意图。

图 2-31 卧式齿耙式整经

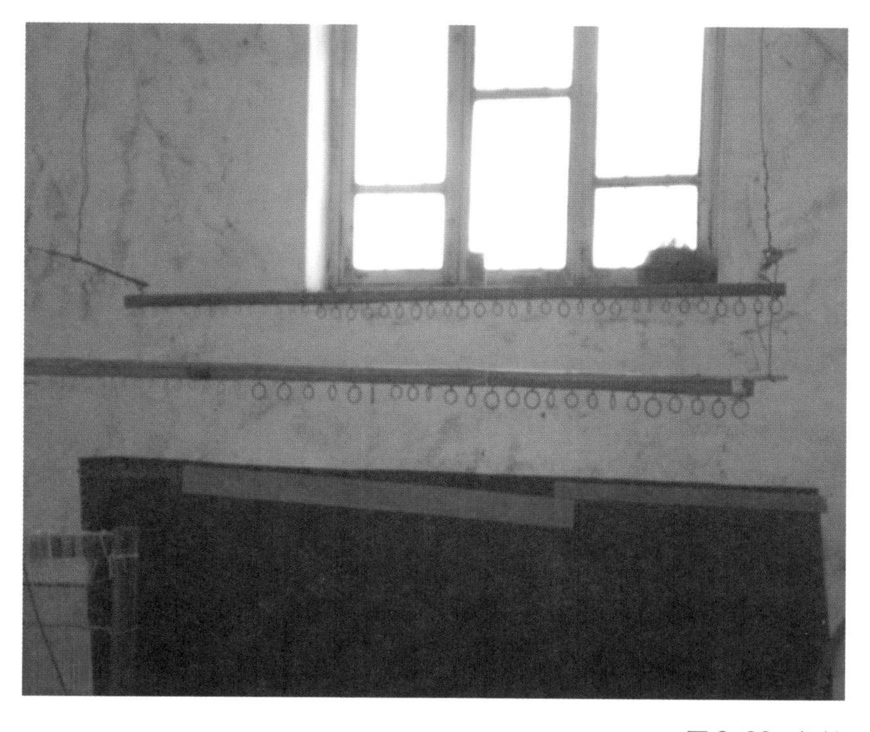

图 2-32 经轴

图 2-33 掌扇

图 2-34　轮经车

图 2-35　卷经架

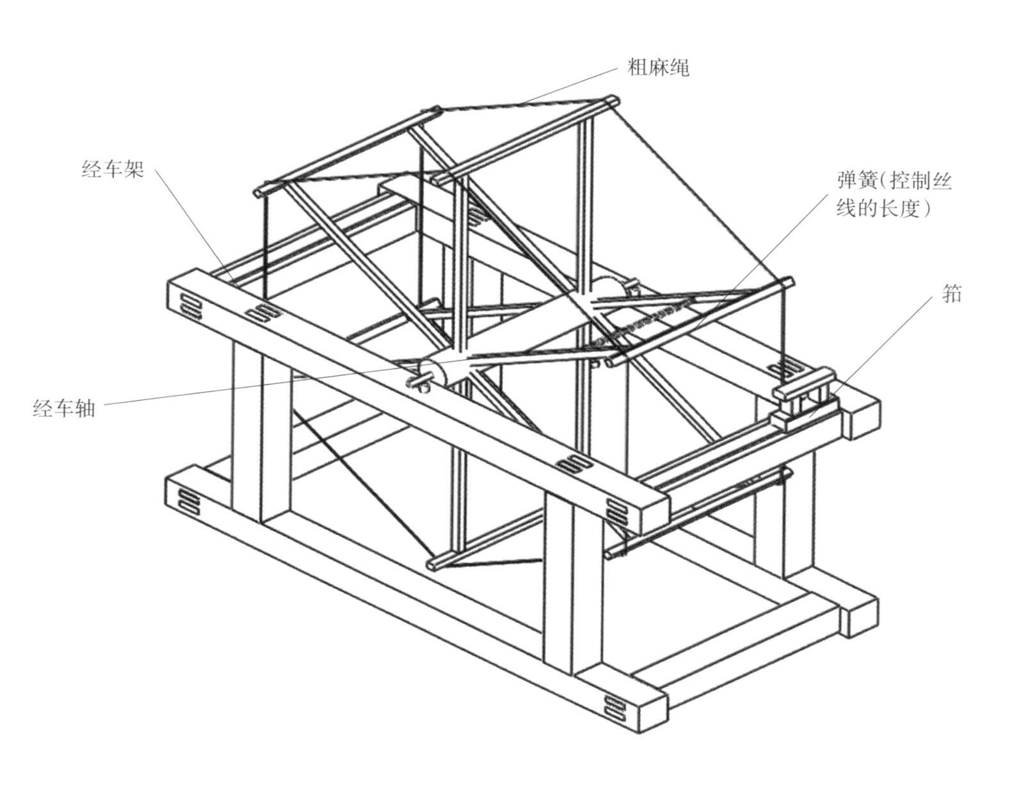

图 2-36　轮经车结构示意图

轮经的步骤：两根经轴前后平行挂起，距离地面约2米，为了清楚地看到丝缕，一般都在经轴后面的墙壁上贴上黑纸。经轴有35~40个铁环，根据布匹的宽幅来确定使用的铁环数，1.6尺的宽幅使用39个环，走经20遍。织工同时摆放两个线坨（图2–37），摆放在后面的线坨的丝线穿过后面经轴的环（溜眼），再穿过掌扇的齿，前面线坨的丝线穿过前面的经轴，再穿过掌扇中间的孔眼。将穿在掌扇齿和孔眼的每一缕丝线合并成一根穿过轮经车上的筘，并且拴在小铁钉上面。把所有的丝线都固定在铁钉上面后，逆时针方向旋转轮经车，将每根丝缕缠绕在轮经车上。丝缕的长度由轮经车上面水平悬挂的弹簧决定，当锁头从一边滑落到另一边时，如图2–38所示，丝线卷绕到一定的长度，用剪刀剪断，并且打结，再重新开始旋转。当丝缕缠绕满轮经车时，将卷经架固定在轮经车上，丝线按照一定的顺序缠绕在卷经轴上。

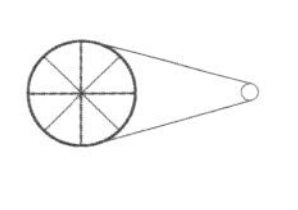

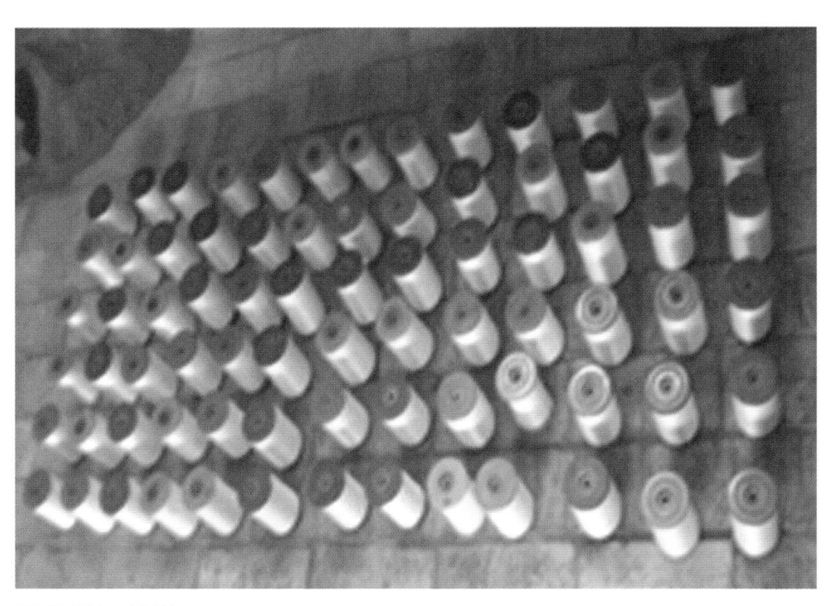

图 2–37　线坨

图 2–38　轮经车上的弹簧和锁

由于牵经的工序复杂，要根据所需的长度和幅度来确定所需要的丝籰和经轴上溜眼的数量，因此，具体的牵经方法在古代文献中很少有记载，但从宋应星《天工开物》中可以看出明代的牵经方法有很大改进。泽潞地区现存的牵经工具在轮经车发明使用之前，与《天工开物》中所使用的工具一样。

五、投梭打纬

经线制作好之后，还要制作织梭中的纬管（也称纬筒），即卷绕纬线的短木棍。纬管由织工用纬车来制作，当地人将这一过程称为打纬，如图2–39所示。纬车（图2–40）的主要部件是一个直径为90厘米的圆形木质轮子，其他部件有弦绳、车架、滑轮、锭子等，构成一个绳轮传动装置。轴承的直径为12厘米，锭子为铁质的，纬车总高度为104~105厘米，纬车的左上方有瓷质

图 2–39 制作纬管

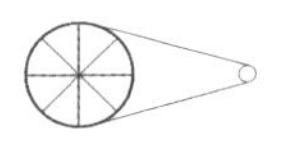

图 2-40　纬车

的滑轮。弦绳缠绕在大轮子的表面，与左边的锭子连接，运作时将纬管插在锭子上面，瓷质滑轮浸泡在水盆中，线坨通过滑轮卷绕在纬管上。为了便于控制丝线，织工的左手拿一个小棍，将丝线卷绕几圈，右手以逆时针方向旋转轴承，使丝线卷绕在纬管上面，一般织工1~2分钟能制作一个纬管（图2-41）。

图 2-41　纬管（纬筒）

纬管的使用:织梭中的纬管是用竹子做成的,夏天将其泡在冷水里,浸泡的时间越长越好,但至少需要泡2天,冬天需要用热水泡20~30分钟。织工一般将其按顺序摆放,即浸泡时间长的放在离自己最近的地方。

如果需要彩色的纬丝,则用扶摇机(图2-42)把络在纡子上的丝线摇成绺,便于染色上浆。

图2-42 扶摇机

六、穿经

穿经,当地人又称为掏机,包括穿综与穿筘两个步骤,不同的经纬交织使用不同的穿经方式。穿经一般需要四五名织工同时进行,机身的前部与后部各一名织工,机身前部的织工负责将经线穿过打纬筘,并且卷绕在卷布轴上面。机身后部的织工负责缠绕在卷经轴上的经线,即正确且平稳地将经线缠绕在分经棍上并送出。机身的中间部位由两名织工负责,即经线穿过综框需要两个人同时操作。

穿经涉及不同的织物组织结构，以当地仍然保留的传统的水纱织造工艺为例加以说明。水纱是北方戏曲人物普遍使用的物品，一般宽0.5尺、长4.5尺，使用的时候用水浸泡，因此得名。水纱的质地分为熟丝和生丝两种，熟丝质地的水纱在使用前用水浸泡即可，生丝质地的需要煮染。水纱的主要作用如下：①将盔头戴在水纱上面并系紧，起到固定的作用；②盔头外面露出水纱的黑色边缘，可以勾勒出演员的额部轮廓，对演员的面部妆容起到衬托美化的作用；③不使用盔头时，水纱本身可作为头发的边缘；④不戴盔头时，便于生、净等人物插戴附件以及旦角人物固定头面。水纱的使用方法：勒头后将水纱折叠为双层，绕头一周系紧，将余纱返回沿耳根向上打成对称的弧形，称为“月牙头”。水纱的功用决定了其纹样，其纹样主要取决于穿经方式。

机身后部的一名织工将卷经轴上缠绕的丝线拉出，并且按照一定的次序交叉穿过两根分经棍（图2-43），分经棍的作用是支撑经线并且将经面分成上下两个部分。

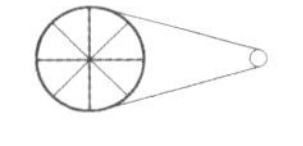

图2-43　分经棍

机身中部的两名织工负责穿综，卷经轴上穿过的丝线分别编号为1、2、3、4、5，且5根经线为一组。每一组的第1至第5根经线分别穿到第1至第5个综框的综环上，如图2-44所示。

图 2-44　综框的编号

穿筘(图2-45)，即将穿过综框的丝线再按照一定的顺序和规则穿过织筘，与织机的卷布轴相连接，通过这一工序最后得到一定规格的织物。以水

图 2-45　筘

纱的穿筘为例，先将穿过第1、2、3个综框的经线合并成一根丝线穿过织筘的第一个齿，再将穿过第4和第5个综框的经线合并成一根穿过第二个齿，再重复这一过程，织物的两个边穿筘时要多穿30根丝线。

织物的穿经主要在于经线如何穿过综片和织筘，穿综与穿筘的方式主要取决于织物的结构、图案。织造普通的素绸、素绢等织物所需要的综片数量较少，织造提花织物需要的综片较多。由于提花织物的结构、图案复杂，需要的综片数量较多，其穿经过程也较为复杂，完成这一工序一般都需要三四天的时间。如果是提花绫缎，须用综十副，穿综工作更复杂，花费时间也更长。用于潞绸织造的本地提花机的穿经工序需要五名织工，一名负责卷经轴，一名负责绞棍，一名负责穿筘，两名织工负责穿综（10片综的提花机每名织工负责5片，16片综的提花机每名织工负责8片）。

七、穿梭打纬

图2-46为织工织造图。经线按照一定的顺序穿入综框和筘以后，就可以穿梭打纬。织工左脚放在地上，用右脚依次踩下五根脚踏板，通过立机身

图 2-46　织工织造图

上方的鸦儿所连接的横悠与综框，形成不同的开口，梭子就可以来回穿梭。穿梭到一定的长度后，将支撑经面的幅帐取下来，拉动筘进行打纬，然后再安好幅帐，重复上面的动作。

八、打码子

打码子，当地也称为做记号，主要是通过一个长木棍来控制一匹布的长度，以一匹布28尺为例，用木棍量六次，做六次标记，然后将布剪下来。标号如图2–47所示。

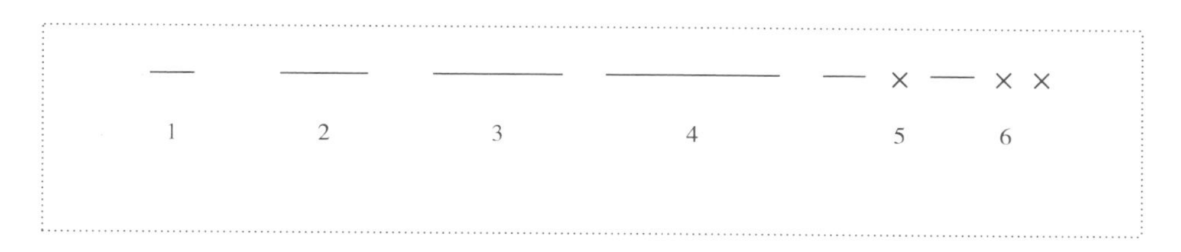

图2–47　打码子标号

打码子所使用的木棍（图2–48）两端用黑色胶布缠绕，织工在织造的时候用木棍确定长度，木棍的长度即为一个标号，而且为了防止损伤丝线，木

图2–48　打码子所用的木棍

棍的两端都使用黑色胶布缠绕。量好长度以后，用细毛笔蘸黑色的液体标注，图2-49为打码子用的笔。将细毛笔平放，在经面的左右两边和中间分别标注，先标注上经面，再标注对应的下经面，如图2-50、图2-51所示。打码子

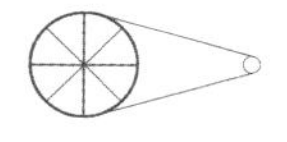

图 2-49　打码子所用的笔

图 2-50　织工正在打码子

是为了便于确定布匹的长度。用固定长度的木棍测量，再用特定的标号标记，是古代中国劳动人民在实际的生产生活中记事方式的具体表征。

图 2-51 打好码子的经面

当织工织到第六个标记时，表示一匹布已经织好，把布完全卷绕到卷布轴上时，用剪刀沿着标记剪下。同时，扳动卷布轴上的轴牙，逆时针方向旋转卷布轴，布匹自动滑落。然后用棉布蘸水，将卷布轴蘸湿，将织造的另一段布匹卷绕在卷布轴上，再按顺时针方向旋转卷布轴，开始新一段布匹的织造，如图2-52至图2-54所示。

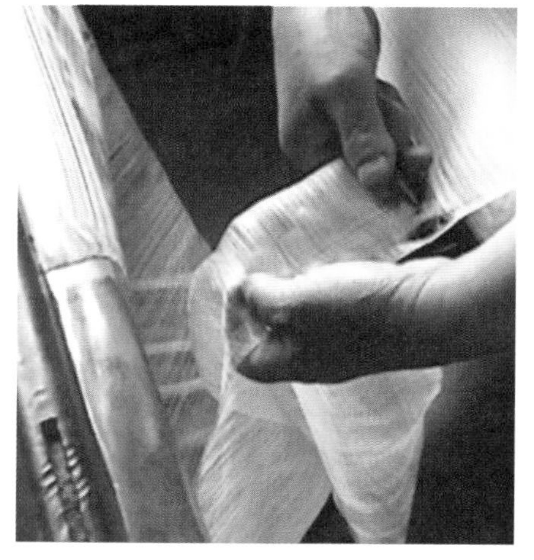

图 2-52　剪断布匹

图 2-53　蘸湿卷布轴

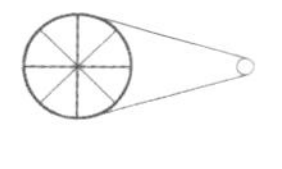

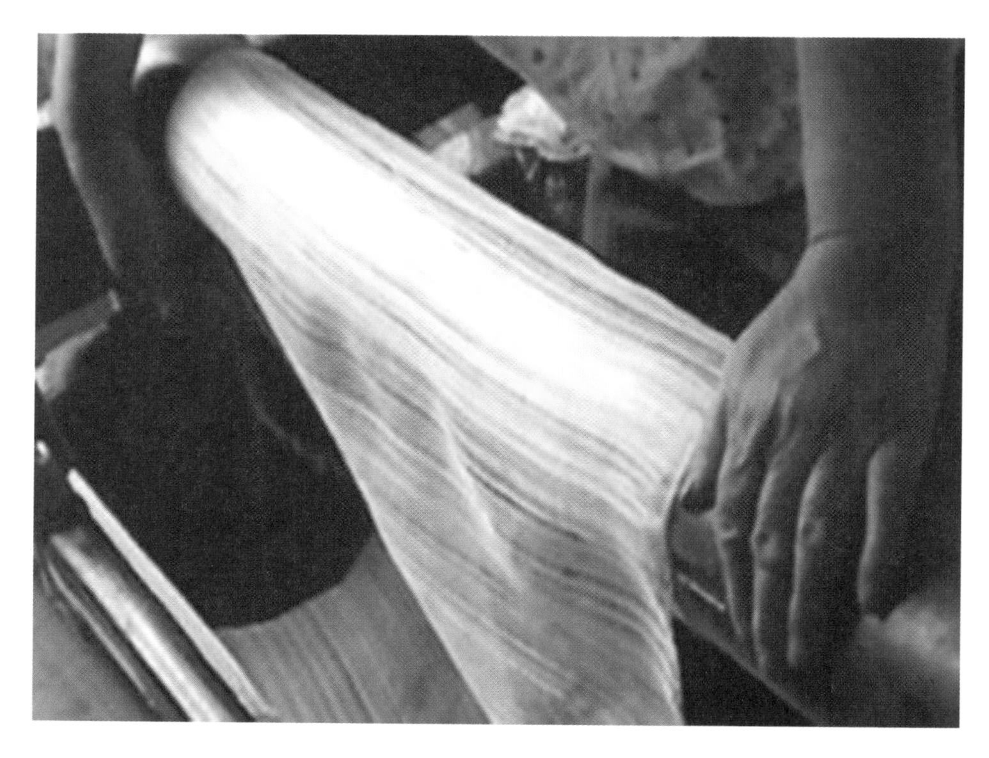

图 2-54　顺时针方向旋转卷布轴

九、接头(了机)

当织造完一个卷经轴上面的经线时，要更换另一个经线缠绕的卷经轴,这个过程称为接头(图2-55)。这个工序是织工用手将两组经线一根根连接在一起,必须保证每一根经线接头连接的正确性,否则将改变织物的组织结构。因此,完成这一工序的关键是织工要耐心和细心。这一工序的完结表明一个织造过程的结束。

图 2-55　经线的接头

潞绸的生产工艺,从桑树的栽培到蚕的喂养,再到缫丝、络丝、整经、穿经等,都是当地人民在长期的生产实践中总结出来的,并且融合了外来的先进技术。随着机器生产的普及,传统织造工艺已经日渐消失,只能对其基本工艺流程做梳理。

第三节 传统染料及染色工艺

传统染色工艺来源于自然界存在的花草树木，古代染色技术经历了夏、商、周之后，迅速发展。周代，出现了最早的染色专业分工，有“掌染草”“染人”等，形成了较为完整的练染工艺体系。秦汉时期，设有官办“暴室”，专门从事练染生产。唐代设有织染署，下设练染作坊6个。宋代官府将练染作坊扩充到10个。手工业极为发达的明清时期，官方所设的织染局规模进一步扩大，专门设有“蓝靛所”，民间练染也形成一定的规模。官办印染机构的设立及不断扩大，说明了传统印染技术的不断进步及印染生产规模的不断扩大。

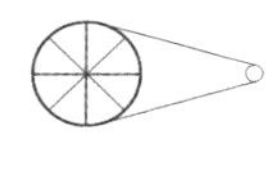

泽潞地区有优越的地理环境与自然气候，适合多种植物生长，一般草木染所需的植物在当地均有种植。在外国颜料大量进入中国以前，潞绸的染色采用的是传统的草木染工艺。后来，随着颜料染色的兴起，传统草木染工艺几近消失。蓝色、白色、黑色是泽潞地区人民常用的色彩，蓝、白两色的传统染色工艺在20世纪60年代逐渐消失，黑色的染色方法直到现在仍在使用。笔者通过采访老艺人以及实地走访，对传统靛蓝染料的制作，黑色、白色的基本染色工艺流程以及合成染料的人工染色方法进行了梳理和探讨。

一、靛蓝传统染料的制作工艺

蓝色是潞绸的一种传统色彩，当地大面积种植的蓼蓝为制蓝提供了原料。明清时期，泽潞地区出现了大量以染色为业的染坊，其中，以蓼蓝染蓝色最为常见。蓼蓝是一年生草本植物，高50~80厘米，蓼蓝叶中含蓝甙（$C_{14}H_{17}NO_6$），可从中提取靛系的还原染料靛蓝素（$C_{16}H_{10}N_2O_3$），靛蓝属于还原染料。当地人形成了自己科学的种植、栽培、打蓝以及保存方法。蓼蓝在惊蛰养苗，春分栽培，古语有“惊蛰养苗春分栽，不到清明秧起来”的说法，栽植蓼蓝的行距1.5尺，株距1.2尺。清明之前，秧苗生长起来后，要勤施肥勤浇水。

靛蓝制作工艺如下:

1.清洗蓼蓝

每年五月份,将蓼蓝连根拔起,将根部的土去除干净,然后整棵放入水池中清洗干净,一般要清洗2~3次。

2.沤蓝

将清洗干净的蓼蓝放入池中,注满清水并且浸泡,上面用几块木板压住,木板上要有缝隙且木板之间要有间隔。当浸泡的水呈绿色时,表明浸泡到了一定程度,必须及时将蓼蓝捞出来。捞出的蓼蓝在当地可以用作肥料,将其晒干、铡碎就可以撒入地里。

3.打蓝

在池水中加入适量的石灰汁。加入石灰汁的目的有三:中和发酵过程中所生成的酸;进一步破坏植物组织细胞,使之溶出吲羟;发酵过程产生的二氧化碳气体与石灰作用可生成碳酸钙沉淀,它能吸附悬浮状的靛质,加快其沉降速度。用长方形的木条做成十字架状,拴上麻绳,由两个人同时提起,同时放下,放下时要快且有力,这个动作反复进行。约4小时,当池中水的颜色由绿色变成深蓝色时,标志着打蓝的工序结束。

4.形成蓝浆

打蓝后,让池中的水自然沉淀,当表面澄出一层清水时,把清水盛出来,剩下的液体叫作"蓝浆"。

5.蓝靛的形成

在地里挖30多厘米深的土坑,最下面垫上草,草上面铺上布单。将蓝浆取出倒在布单上,当从布单渗出的水呈稠糊状时,布单内呈固体状的物质即为"蓝靛"。将布单内的蓝靛分装在木桶内,表面撒上一层过了筛的石灰粉(即用筛子筛过的石灰粉),封装保存。加入石灰粉是为了最终的还原染色反应,即用碱性的石灰粉中和蓝靛中的酸,并使难溶性的靛白隐色酸转变为可溶性的靛白隐色盐,这一方法在近代蓝靛的还原染色工艺中使用较为普遍。

除此之外,蓼蓝制靛的方法还有干叶发酵法,与泽潞地区传统靛蓝制作工艺相比，其工序烦琐，费时费力，全部完成需100 天左右。

二、泽潞地区白色、黑色的传统染色工艺

传统的白色可以使用天然矿物绢云母涂染，主要使用漂白的方法。泽潞地区传统采用的是硫黄漂白法。以染白色丝线为例：将七八成干的丝线绕到4~5根木棒上，先将缠绕丝线的木棒放到一边。取一大缸，大缸深约60厘米，口径约100厘米，底面直径约70厘米。在大缸的底部放置一个碗，将一小块没有完全熄灭的炭放在碗里，把碾碎的硫黄放在炭上面，同时周围放上小石粒，冒烟后用瓦块盖住。然后把缠绕丝线的木棒搭在大缸上，闻到呛鼻的气味时用毯子盖住缸，并用绳子捆紧毯子，保证严实、不透气。40分钟后，揭开毯子，取出木棒并取下缠绕的丝线，将丝线放入蒸笼里面蒸20分钟后取出晾晒，丝线即染成了白色。

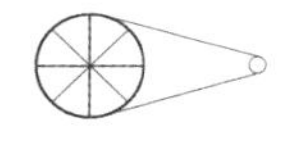

黑色在中国古代主要采用草木染，染黑色的植物主要有栎树籽、橡树籽、五倍子、柿叶、冬青叶、栗壳、莲子壳、鼠尾叶、乌桕叶等，直至近代，才被硫化黑等染料代替。泽潞地区黑色的染色方法一直沿用传统的染色方法，属于媒染法，主要的原料是橡树籽和铁屑，铁屑是媒染剂，铁屑的使用增加了纤维的上色量，提高了染色的固色作用。这一传统染色工艺的保留与北方戏曲的发展传承有关，戏曲中常用的水纱就是在潞绸的产地泽潞地区生产的。染黑色的基本步骤包括煮、清洗、晾晒、上浆。

以50匹布（每匹长10米、幅宽50厘米）为例，主要工序如下：

1.煮

用特制的铁锅，铁锅口径 1.5 米、深 70 厘米左右。把水盛到铁锅里，待水煮沸时，将碾碎的 5 千克左右的橡树籽放入锅里，用开水煮 2 小时后，将布匹放入锅里再煮 2 小时，之后放入大约 2.5 千克铁屑，继续用沸水煮 2 小时。为了确保染色均匀，整个过程中需要将布匹翻转 2 ~ 3 次后再取出。铁屑属于金属媒染剂，这里使用的是后媒染色法，即织物先在植物染料的溶液中浸渍，待染色比较完全后，放入媒染剂使之固色。整个过程大约需要6 小时。

2.清洗

将布匹放入口径 1 米、深 60 厘米的缸中，倒入冷水漂洗 1 次，大约需要 300 千克水，来回揉搓后拧干。

3.晾晒

将布匹展开搭在铁丝上，直到晾干为止，要避免太阳的直射。

4.上浆

将 1 ~ 1.5 千克淀粉放到大盆里，加入冷水搅拌均匀，稠稀要适度。将 2 ~ 3 匹布放入并来回揉，直到布匹都沾上浆后取出。淀粉起到黏合剂的作用，铁与纤维之间没有亲和力，只是附着在织物的表面，加入淀粉可使之发生化学反应，起到固色的作用。两个人合作将取出的布匹撑拽开并平铺在地上，晾干后叠好即可。

经过上述四个步骤，染色这一工序结束。用此方法染的布匹色泽较好，而且不易褪色。如图 2–56 至图 2–59 所示。

图 2–56　橡树籽

图 2-57　煮橡树籽

图 2-58　清洗和上浆用的水缸

图 2-59 晾晒

三、合成染料传统染色工艺

白色、黑色、蓝色三种色彩的染色方法都是当地人民在长期生产实践过程中总结形成的,都以不同的方式得以保留,而其他色彩的草木染方法在 20 世纪初几近消失。

1856 年,合成染料问世,但其进入中国的时间存在争议,根据文献记载,应该是在 1886 年到 1902 年之间。20 世纪初,外国合成染料逐渐进入泽潞地区,生产规模较大的作坊都使用合成染料,所用的品牌是德国牧羊牌,传统草木染只在民间少数作坊存在,但合成染料染色的整个工序仍然是手工操作,其工艺流程基本适用于所有的色彩。根据老艺人介绍,当时的主要色彩有大红、深红、桃红、柿红、浅红、深绿、黄色、蓝色、紫色、黑色、古铜色。

大红、深红、柿红、桃红、浅红色布匹的主要染料是品红、洋黄和桃红金。品红,是由德国发明家在 1858 年合成成功的一种染料,由苯胺紫合成得到,并且以"品红"的名字进入市场。

较传统草木染,合成染料的染色工艺,其生产设施没有太大的变化,传统的"一缸二棒"一直沿用。笔者通过对当地染色师傅的走访,总结当地的手工印染工艺，主要包括脱胶、染色、清洗、固色和整理五道工序。

以3匹绸布（每匹长20尺、幅宽2.2尺）为例，主要工序如下：

1.脱胶

在口径1.5米、深约70厘米的铁锅中放入100千克的自来水，加入纯碱面，先用炭火加热半个小时，然后继续加温到水沸腾后放入绸布，连续翻动两个来回，然后每隔5分钟翻动一次，大概翻动6次。翻动工具为木棒，木棒长65～85厘米，直径5～6厘米。炭火大的话煮20分钟左右，炭火小的话要煮30分钟以上。这道工序主要靠操作人员的经验，火的大小、水的温度、翻动的方法以及次数等，都对整个工序有很大影响。

2.染色

染色使用专用的染锅，锅的大小、材质与脱胶使用的锅一样。100千克水倒入染锅中，加热到50 ℃左右的时候，将配好的颜料以及食盐一次性放到锅里，用木棒按顺时针方向搅拌3~5分钟，使颜料和食盐完全且均匀地溶于水。颜料用量为300克；食盐一般需1~1.5千克，其作用是帮助上色。待水温加热到70 ℃左右时，放入绸布来回翻动，当水沸腾后再煮20~30分钟，先连续翻动两次，后面每隔5分钟翻动一次，共翻动6次，染色完成。如果后续还用同一个染锅染同样的颜色，则放入的颜料和食盐量要递减。同样染3匹绸布，第二次染色用颜料从300克降至150克，第三次染色再降至100克，食盐则从1.5千克降至1千克，再降至500克。

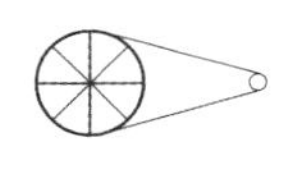

3.清洗

将冷水倒入大缸，大缸缸口直径为100厘米，深度大约60厘米，底面直径为60～70厘米，每次放入约250千克水，将绸布放入清洗2次。清洗后将绸布取出卷绕到楔入墙体的木棒上，木棒长约65厘米，卷绕后用相同长度的木棒绞，目的是去除大量水分。

4.固色

在锅里放入约150千克水，加热到水快开，即水温约90 ℃的时候，把水舀到固色缸里，待水温大约降至70℃时，加入固色剂，搅拌均匀，3匹绸布大概用1.5千克的固色剂。将绸布放入后，用手来回翻动约半小时。然后捞出绸布用清水清洗，重复绞干的动作，而后进行晾晒。晾晒的铁丝离地面

4~5 米高，操作工人抓住布匹的一头甩到铁丝上，缠绕 2~3 圈，用竹竿挑开，晾晒至七八成干即可，然后将绸布收到专用大缸里。

5.整理

将竹子或粗木头劈成两半，称为竹筒、轴，用来卷固色后的绸，卷好后两端用楔子固定，放到专用的烤房里烘干。烤房面积大约 10 平方米(5 米长、2 米宽)，没有窗户，有两个火炉，温度保持在 30~40℃。烤房里用砖砌成台阶，台阶长 5 米、宽 50 厘米、高 50~60 厘米。卷好的绸布竖着放到台阶上，待干透后取出轴。这个工序大约需要 4 小时。

真丝、人造丝、纤维染色工艺略有差异：人造丝不需要脱胶，真丝和纤维都要进行脱胶；真丝不需要固色，人造丝和纤维需要固色。

化学染料的人工染色方法见表2-7。

表 2-7　化学染料的人工染色方法

颜色	配料	用量	方法 (500 克丝，3.5～4 千克水，水温均在 35～45℃)
大红	品红	3 钱	三种颜料用开水分别在三个碗中冲开，先用小撮丝线试验：将洋黄倒入水中，丝线放进后再捞出，将品红和桃红金倒入，再将丝线放进去，一般在染缸里翻转 8 个来回，捞出进行晾晒，八成干的时候收到室内，用手来回揉 4～5 分钟，再拿到室外晒，完全晒干以后进行整理，按需要的量分成把
	洋黄	2 两多	
	桃红金	2 钱	
深红			在大红色的基础上多加品红，也是洋黄打底色
浅红	品红	1 钱	
	洋黄	2 两多	
	桃红金	0.8 钱	
桃红	桃红金	2 钱	桃红色由深到浅染
柿红	洋黄	1 两	
	桃红金	1 钱	
深绿	品绿	1.5 钱	由深到浅递减
蓝色	年青	1～1.5 钱	年青打底色
	品蓝	1.5～2 钱	

续表

颜色	配料	用量	方法 （500 克丝，3.5～4 千克水，水温均在 35～45℃）
黄色	洋黄	2 两	
紫色	年青	2 钱	
黑色	煮黑	8 钱到 1 两	水温低了后再加入热水，水中翻 8 次捞出
古铜色	煮黑	3 钱	用黄色打底色，翻 4 个来回，再捞出放入品绿和煮黑
	小于 1 钱	品绿	
	2 两	洋黄	

潞绸的染色工艺凝聚了泽潞手工艺人的智慧，各种颜料的比例、水的温度、煮制时间、翻转力度等都影响着潞绸最终的色泽，与现代机器的自动化染色工艺相比，对操作者的要求更高。

第四节 潞绸的刺绣工艺

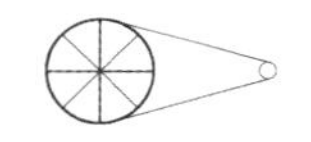

织物的组织结构复杂多变，最基本的是平纹、斜纹和缎纹。潞绸有纱、绫、缎、绸、绢等不同的品种，依据不同的题材、图案要求，使用不同的织机织成。除此以外，刺绣也是潞绸织造工艺中不可或缺的一部分，以刺绣的方式表现更加丰富的图案题材。潞绸的刺绣工艺主要包括平针绣、打籽绣、盘金绣三种，在此过程中逐渐形成了以米山为中心的高平刺绣。

一、潞绸刺绣工艺发展的背景

刺绣作为中华传统文明的载体之一，有着悠久的历史，根据出土实物可发现，早在汉代以前，刺绣就已经在我国流行。在古老的原始社会，人们通过简单的文身等装饰自己，有了衣服以后，逐渐地在衣服上刺绣，和文身一样，此时的刺绣图案也以原始图腾为主。战国时期的刺绣已经很精美，刺绣工艺已发展到成熟阶段，从湖北江陵马山硅厂一号战国楚墓的出土实物中可以看出。其主要针法为辫子绣，也称锁绣，品种主要有对凤纹绣、对龙纹绣、飞凤纹绣、龙凤虎纹绣等。而且这些绣品的图案有明确的几何布局，题材多以花草、鸟、龙、兽等为主,并且巧妙地将动植物形象结合在一起。

汉代的绣品增多,在出土的多个墓葬中均有发现,如甘肃、河北、内蒙古、新疆等地的古墓,其中以长沙马王堆汉墓出土的绣品最具代表性。汉代刺绣的图案以云纹、凤鸟、神兽、带状花纹、几何图案等为主,技法以锁绣为主。同时,汉代的刺绣不仅在民间广泛应用,而且也迈向了专业化,为刺绣技艺的不断发展奠定了基础。

唐代的刺绣题材与当时的宗教艺术有着密切的关系,并且与绘画密不可分。唐代的绘画内容丰富,有佛像人物、山水花鸟,这些都成为刺绣图样。同时,刺绣的工艺不断进步,唐代的刺绣技法仍然是汉代的锁绣,但针法开始以平绣为主,并且针法多样,色线丰富,绣底质料多样。

纵观唐代以前的绣品,大多数以实用为目的,而且主要用于生活装饰,因此,刺绣的内容与生活所需、地方风俗有关。这一风格在宋代出现改观。宋代的刺绣,除作为实用的生活用品之外,以绣画最为突出,书画的风格直接影响到了刺绣。绣画的发展与朝廷的政策紧密相关,宋徽宗年间,设立了绣画专科,并且分为山水、楼阁、人物、花鸟等。这一专业分类,使得绣工的技艺不断提高,推动了刺绣工艺的发展,并且使绣品由实用转为艺术欣赏,形成了独特的艺术观赏性绣作。明代董其昌在其所作的《筠清轩秘录》中指出:"宋人之绣,针线细密,用绒止一二丝,用针如发细者为之,设色精妙,光采射目。"同样,明代的高濂在《燕间清赏笺》中也指出:"宋人绣画,山水人物楼台花鸟,针线细密,不露边缝,设色开染,较画更佳,以其绒色光彩夺目,丰神生意,望之宛然,三昧悉矣。"

元代刺绣就精细而言不及宋代,但风格基本沿袭了宋代。元代在北京设立了文绣局, 全国各地也设立了绣局。元世祖忽必烈推崇藏传佛教,因此,刺绣除作为服饰的装饰之外,更多的刺绣是佛像、经卷、幡幢、僧帽等,具有强烈的佛教风格。元代的蒙古族贵族擅长用金线刺绣,因此,金线绣成为元代的一大特色。在针法上,出现了贴绫绣,即采用加贴绸料并加以缀绣的做法,使图案富有强烈的立体感。这一绣法制作出的绣品华丽奢侈,主要为皇家和贵族所用,成为宫廷绣品的代表。

明代是我国手工艺发展的高峰期,因此刺绣技艺也得以发展。从出土实物来看,主要是以洒线绣为主,洒线绣也称为穿纱。以方孔纱或直经纱作为绣底,用彩色的双股合捻线数计算纱孔,绣成较大的主花和几何小花地纹。有的是先将纱底满绣成几何小花,再在几何小花上绣铺绒主花,属典型的北方绣种。以明定陵出土的孝靖皇后洒线绣蹙金龙百子戏女夹衣为例,这件夹衣是用一绞一的直经纱作为绣底,用三股彩线、绒线等6种线,采用穿纱、编金等13种针法,搭配了粉红、银红等19种色线绣制而成,是明代极有代表性的洒线绣文物。此外,始创于上海顾氏露香园的顾绣针法,集针法之大成,成为明代刺绣的代表。

清代刺绣与生活艺术密切相关,从目前遗留的实物来看,主要有宫廷御用和民间绣品两类。在民间先后出现了许多有名的地方绣,形成了苏绣、蜀绣、粤绣、湘绣“四大名绣”。除此之外,还有如鲁绣、京绣等,各种绣法都有着强烈的地方特色并流传至今。晚清时期,苏州的沈寿首创了仿真绣,此种绣法吸收、融合了日本绘画和西洋绘画的特点。清代刺绣具有很高的写实性和装饰效果,用色和谐,喜用金针及垫绣技法,因此绣品纹饰具有生动的艺术效果,体现了清代刺绣的丰富内涵和艺术价值。

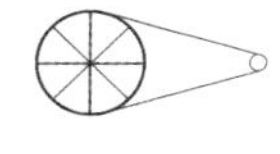

中国传统刺绣源于自然与生活, 人们通过刺绣表达对美好生活的憧憬。从春秋战国到汉代,从唐宋到元明清,刺绣工艺的不断发展推动了潞绸刺绣工艺的产生与繁荣,并使之成为丝织技艺中不可或缺的一部分。

二、潞绸刺绣兴盛的渊源

(一)悠久的山西刺绣历史

山西刺绣的历史与该地区悠久的人类文明相伴,在《诗经·唐风·扬之水》中就有“扬之水,白石凿凿。素衣朱襮,从子于沃。既见君子,云何不乐?扬之水,白石皓皓。素衣朱绣,从子于鹄。既见君子,云何其忧?扬之水,白石粼粼。我闻有命,不敢以告人”的诗句。“素衣朱绣”则真切地描绘了当时的刺绣艺术,而当时的唐,正是指山西的中部地区,可见,在久远的西周时代,山西就已经产生了刺绣。山西刺绣在长期的发展过程中,融入了富有山西特色的自然、人文情怀。潞绸的刺绣工艺与其织造工艺,以及山西的刺绣艺术一样久远。到了明清时期,潞绸的刺绣工艺已经相当成熟,刺绣作为独立的行业呈现出繁荣的景象。清代潞绸的织造主要集中在现在的高平市，绣坊主要在高平市米山镇。据记载，清代米山绣工遍及全村，青年女子与中年妇女从事专业或业余刺绣劳动的占全村总人口的半数以上。民国年间，当地的传统绣坊仍然存在，但较前朝已大为减少。新中国成立后，相继成立了刺绣局、刺绣厂，使得传统手工艺得以不断传承。

（二）刺绣是泽潞地区传统女红文化的主要载体

泽潞地区历来重农桑，女红盛行，旧时以绣花、织布、缝衣等来衡量女子的巧拙。男耕女织的传统农业社会，女性在家庭中突出了其“织和绣”的能力。未出嫁时，母亲就以口口相传的方式将自己的织绣手艺教给女儿，女儿出嫁时所穿的嫁衣、饰物等基本上都由自己亲手绣制，这是女性向外人首次展示自己的心灵手巧；为人妻后，女性为丈夫绣钱袋、荷包、耳套、鞋垫等生活必需品和饰物，人们以此来评价其作为妻子的聪慧贤德程度；为人母后，女性肩负了更多的责任，孩子从出生、长大到结婚时的穿戴，都能看出母亲的绣功，显示母亲的才华，也都饱含了母亲对孩子的祝愿、期望和浓厚的爱意。女性通过刺绣来表现自己的美、自然的美、生活的美。

（三）泽潞地区传统丝织业的兴盛

刺绣的底料可以是任何织物，植物纤维与动物纤维织物均可以作为底料。从当地流传的实物来看，泽潞地区流传甚广的是用丝织物作为底料，以丝线作为绣线，这与泽潞地区传统丝织业的兴盛密不可分。传统的绣品分为三类：①民间实用性极强的绣品。这类物品一般是自己织与绣，包括小孩出生时的衣物、结婚时的嫁衣、盛大节日时使用的装饰物等。②用于商业流通的织绣品。商品经济的发展，催生了大批专业的丝织坊与绣坊，一些祖传的刺绣坊、织染绣世家成为供应的主体，为织品与绣品的商业流通提供了保障。③贡品。潞绸在明清时期的额贡量相当大，促进了丝织技术的发展与繁荣，也推动了刺绣行业的发展。

三、基本工艺

（一）主要工具

潞绸的刺绣工具和北方多数刺绣工具一样，由绷框（图2-60）、绣架

(图2-61)、绣针和绣剪组成。绷框的形状为长方形，是刺绣的主要工具，其主要作用是固定绣布，由两根长木棍和两根短木棍组成。两根长的称作绷轴，两根短的叫插闩。绷轴长100厘米，插闩长65厘米。绷轴中间与两端形状不一样：中间为圆形，方便卷绕绣布；两端为长方形，每根上面有两个插插闩的闩眼。插闩上有很多呈三角形的小孔，用于插绷钉，方便不同宽窄的绣布使用。刺绣之前最主要的准备工序是在绷框上面上紧绣布，上紧的标志是：把带线的针从布面上穿过拔出时，布面发出嘭嘭的声音。

图2-60　绷框

图2-61　绣架

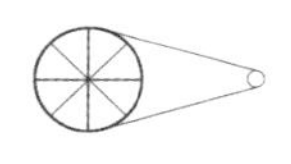

绷框是刺绣的主要工具，有大、中、小三种型号，当地的小型绣坊（图2-62）使用的一般为中型绷框，也有大型绷框（图2-63），供两人及以上同时刺绣。支撑绷框的工具称为绣架，也称为绷架，有木制的和铁制的两种，传统的绣架由三根木棍组成三角形结构，绷框放在它的上面。绣架的高度可以调节，垂直高度一般为2.6尺。木制的绣凳叫“三角凳”，可以根据绣工的身高调整高度，但现在均使用一般的凳子。

潞绸刺绣使用的绣剪型号较小且锋利；绣针选用细的，现在一般用苏绣的绣针。

刺绣的主要工序包括设计绘画、勾稿、上绷、勾绷、配线、刺绣，大规模的绣品需要专人负责每一道工序。画师一般根据需要绘制不同的题材，包

图 2-62 小型绣坊

图 2-63 大型绷框

括传统吉祥图案、地方戏曲内容、富有地方特色的风景与建筑等，留存至今最多的是传统吉祥图案。绣工根据绘的画将图案勾勒在绣底上，然后上到绷框上面，根据图案的内容和色彩进行配线，配好线后即可以开始刺绣。

（二）主要针法

潞绸刺绣因绣品的用途、表现内容、塑造形象的不同，形成了多种多样的刺绣针法，比较常用的有平针绣、打籽绣、盘金绣和拔金（银）绣等。

平针绣是最为常用的刺绣针法，技法比较简单，将绣线平直、均匀排列，组成"留型"纹样，每一针的起落都在所勾纹样的边缘处，依靠针脚的长短变化构成纹样，即用长短针交错，表现出丰富、立体的画面。平针绣的基本特点是针迹不重叠、均匀齐整、不露绣底。平针适宜面积比较小的纹样，绣出的图案光洁平整。图2-64为三种平针针法图示。

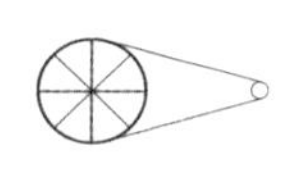

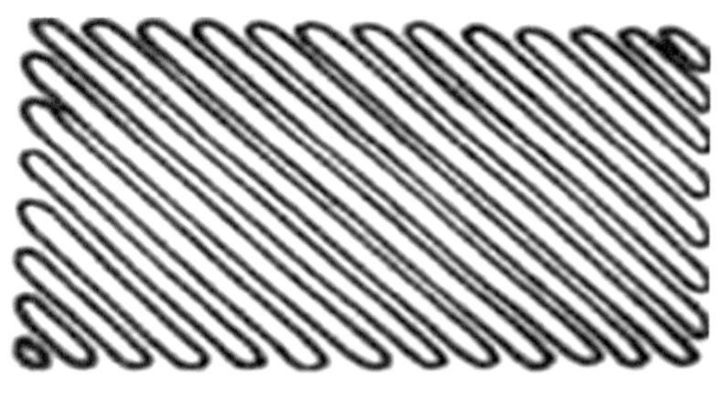

图 2-64　三种平针针法图示

打籽绣是点绣中最有代表性的针法，也是传统刺绣中最古老的针法之一，图2-65为打籽绣针法图示。在山东临淄战国墓中出土的丝织履上已经有了装饰性的打籽绣。其基本做法是将绣线全部引出绣底后，用针芒在靠近绣底的线端绕线一周，成一个小环，再下针将每一个小环钉住，形成粒状的小疙瘩，因每绣一针见一个小疙瘩，故称为打籽绣。打籽绣较平针绣而言难度较大，其特点是籽的大小均匀，排列整齐、紧密，绣品结实耐磨。籽的大小与落针的力度有关，落针的力度大则籽大，力度小则籽小。绣法是从纹样

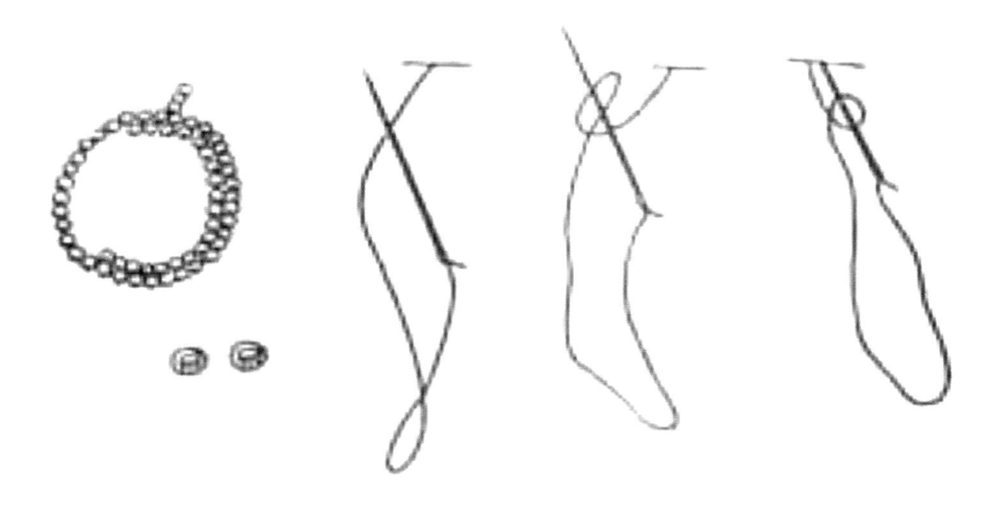

图 2-65 打籽绣针法图示

的边框绣起，依次向内排列，顺势编排。打籽绣一般在儿童的帽尾巴、针线包、绣鞋、粉擦上使用，还用来绣鸟的眼睛和花蕊，增强画面的立体感，使图案更加形象逼真，此种绣法在当地较为普遍。

除以上两种针法较为普遍之外，还有盘金绣和披金（银）绣，是刺绣品的两种装饰手法。盘金绣用金线盘曲成形，然后再爬绣在底缎上。披金（银）绣则是先将金（银）箔片剪成形，附在底缎上，然后再用丝线沿花边绣牢，造型的外缘均是金（银）箔勾勒成的线条，显得画面富丽堂皇。

在实际运用中，为使得内容丰富，往往各种刺绣手法交叉使用。丝线绣一般用于做细活，用绣针和丝线将内容绣在真丝缎面上。结婚时穿的喜服、龙凤绣鞋、鞋垫、围裙角、粉擦都可用丝线绣。平针绣表现力最丰富。打籽绣结实耐磨。盘金绣、披金（银）绣给人以富丽堂皇之感。

（三）题材与色彩

潞绸的刺绣与织绣相同，题材大多来源于自然界存在的植物、飞禽、兽类等，如花卉、瓜果、虫鱼、蝴蝶、吉祥鸟和瑞兽等。还有民间长期流传的图案，如富含富贵吉祥、多子多福等吉祥寓意的双龙戏珠、凤穿牡丹、贵子折莲、鱼戏莲、猴捧桃、麒麟送子、蝴蝶扑瓜、喜鹊闹梅、鹿衔梅枝、狮子滚绣球、鱼莲娃娃等。另外，还将一些传统的戏曲人物、场景等融入刺绣中[22]。

潞绸刺绣在色彩运用上最大的特点是色彩鲜艳，对比强烈，衬底的颜色一般采用黑、蓝、红、鱼肚白等，图案颜色亮丽而明快，夺目而不耀眼，强烈而不刺目，在长期的实践中总结出一套对比统一的配色规律。表现手法上，整体构图饱满，对所表现的内容图案加以夸张和变形，不注重图案的逼真，追求的是图案的神采。

（四）传统绣线制作

现代刺绣的绣线主要从南方购入，而在潞绸鼎盛的明清时期，丝织业、刺绣业的发展，使得绣线的制作成为一个专门的行当。根据泽州县大阳镇的传统老艺人冯法旺（生于1929年）讲述，绣线制作技艺一直延续到20世纪60年代，他是这项传统工艺的第三代传人。

当时的绣线是纯手工制作的，工序多，效率低，一天只能做半斤丝，主要的工序包括煮、搓、煮、染色、晾干。从制作丝线到染色的工序有络丝、穿叶（合丝）、打线、脱胶、皂洗、清洗、染色、固色、晾晒。穿叶即合丝的过程，6根或12根丝线合成一股，穿叶时将丝线用两块木板搓，木板大约长26厘米、宽3.3厘米。打线一般是7个头打成一把。人造丝不需要脱胶、皂洗，真丝不需要固色。绣线的销售方式有两种，一种是出售给专门卖绣线的铺子，另一种便是手工艺人自己沿街叫卖。绣线能成为一个独立的手工行业，也证明了当时刺绣业的兴盛。

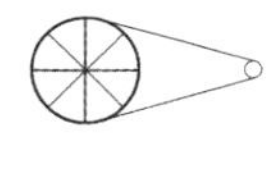

泽潞地区经过历史的沉淀与技术的传承，在明代一跃成为四大丝织业中心之一，潞绸是其代表产品，也是明清时期北方主要的丝织类贡品。潞绸的纺织工艺包括织、绣、染三个主要方面，机器工业时代，传统的织造技艺几近消失。本章在实地走访调研的基础上，试图还原潞绸的工艺，但由于其工艺缺乏文字记载，很难全面系统地复原。因此，只能对其织造的主要工艺流程、刺绣工艺、染色工艺做初步的探讨。

第三章 潞绸织物艺术

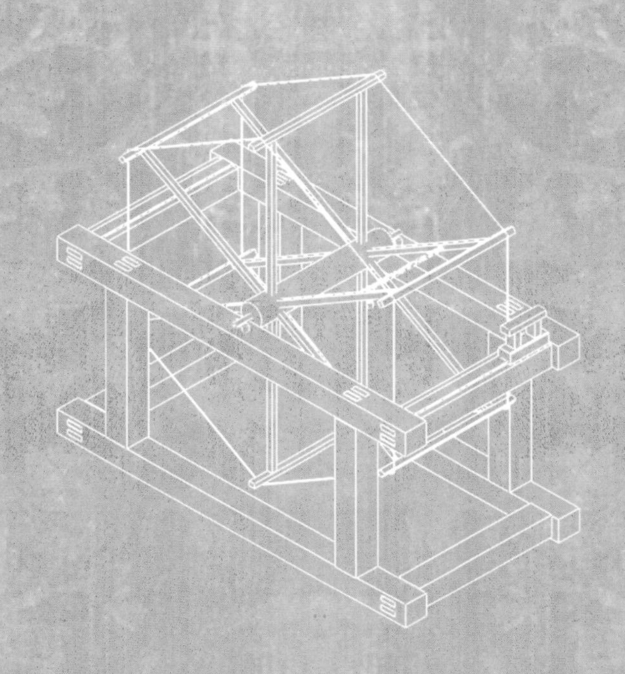

纺织品的产生与人类文明的进程相伴，其最初只是用来遮蔽身体和抵御寒冷。当生产力发展到一定程度时，人们开始追求织物的舒适度和美观度。丝绸艺术通过技术将蕴含的美展现出来，并且与社会、文化等因素互动，由此形成了不同的艺术风格。

潞绸的织物艺术主要体现在图案与色彩两个方面，历经数千年的发展，形成了独特的风格。潞绸的艺术风格在于，喜庆但不华丽，庄重但不呆板，生动但不张扬。潞绸的喜庆、庄重与生动里蕴含了泽潞地区生生不息的文化气息和乡土气息，展示了对生命的敬仰，折射出泽潞人民万物和谐共生的自然观，真实而又生动地反映了泽潞地区自然、淳朴的民风。同时，作为丝织技术发展的产物，潞绸体现了技术与艺术的交融之美，具备了一定的技术美特征。

第一节 潞绸的色彩艺术

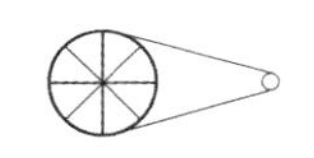

色彩既是主体认识自然的产物，也是主观偏好的表达方式。艳丽的色彩给人以欢快、愉悦之感，单调、黑暗的色彩则使人感到沉闷、压抑。随着历史的发展，形成了具有传统特色的丰富色调。同时，不同的时期、不同的区域又形成了富有时代特点、地方特色的流行色彩。潞绸的色彩是中国传统色彩、明清时期流行色彩以及泽潞地区传统色彩的综合体，这三种传统色彩共同作用，形成了潞绸的色彩艺术。

一、潞绸的基本色彩

人类将不同的物体着色，改变了物体本身的特点，悄然地传递了人类的情感和思想。潞绸的色彩是泽潞人民真实情感的流露，或悲伤或喜悦，反映了泽潞地区人民的至情至性。

在染色颜料进入中国之前，潞绸的染色为就地取材，采用传统的草木染方法。传统草木染有着悠久的历史，在《周礼·地官》中就有“掌管草”这一职位，即掌管用于染色的草木。据汉代郑玄注释，有茜草、蓝草、橡斗、紫草等，其中有草本植物，也有木本植物。泽潞地区是人类文明的发祥地之一，有着诸多的人类早期活动遗迹。最初的人类为了生存，就要与自然界中的动物做斗争，比如用兽皮伪装自己，用不同的颜色涂抹在身体上。色彩最直接的来源就是自然界存在的植物。当人类能织造出精美的织物并将不同的颜色染到织物上时，最初的目的是显示地位的尊卑。除此之外，也反映了人们对美的追求。随着对不同色彩的需求，人们发现自然界有愈来愈多的植物可用于染色。

泽潞地区的植物种类相当丰富，根据明清时期各地的地方志记载，草属中有蓝、红蓝、茜草、苇、荻、蒲、茅、茼、荇藻、萍、蓼、苔、垂盆、木葱、蓬、马兰、扁竹、苜蓿、吉祥草、润草等，木属中有松、榆、槐、杨、柳、椿、楸、桑、橡、皂荚、檀、椵、桦、柘等，果属中有杏、李、胡桃、花红、樱桃、葡萄、石榴、冬果、木瓜等。丰富的植物种类为织物的染色提供了充足的原料。

蓝色、白色、黑色三种颜色流传的时间最长、地域最广，具有一定的代表性和典型性。丝的本色——白色，是潞绸最初的色彩。白色象征纯洁，虽然是潞绸的本色，但是在日常生活中很少使用，这与北方的气候有关。北方的气温偏低，白色略显清冷，而且泽潞地处黄河腹地，风沙较大，白色不耐脏。因此，人们更偏爱其他色彩。蓝色，三原色的一种，属冷色调，泽潞地区的蓝色为靛青，由蓼蓝制成，呈深蓝绿色，这一色彩主要用于装老衣，表示凝重、安详。黑色，象征刚直、严正、深沉，也是潞绸的传统色彩，当地曾一度流行的黑色头帕行销西北各地，一般用于老年人保暖。

除此之外，其他色彩在20世纪初就全部使用进口染料染色，但染色的方法是传统的人工染色，这种方法一直使用到20世纪70年代。

据地方志的记载以及文学作品中的描述，潞绸的色彩除蓝、白、黑之外，几乎囊括了常见的所有色彩，主要有红色、黄色、绿色、紫色、棕色等，以红色系中的色彩最为丰富。

二、潞绸色彩的主要特征

(一)中国传统色彩元素的继承

色彩是人类眼睛对于自然存在物的感知。中国传统色彩与中国传统文化紧密相连,也成为潞绸色彩艺术的最基本元素。

早在远古时代,我们的祖先就对色彩有了非常感性的认识,并将不同的色彩绘制在陶器、漆器以及织物上。出土的新石器时代彩色陶器和彩色纺织品足以说明远古时代是中国传统色彩的萌芽期。那时,应用于陶器和纺织品的颜色是红色(铁矿石粉和朱砂)、黑色、黄色、白色和蓝色。从奴隶社会开始,统治阶级就把赤、黄、青、黑、白五种色彩列为正色,其他颜色均为间色。如《尚书》中记载:“五彩彰施于五色,作服。”《孙子》中载:“色不过五,五色之变,不可胜观也[23]。”而且,五色只能用于贵族的服饰,普通百姓只能使用五色之外的间色。传统五色理论始于奴隶社会,一直贯穿于社会发展的始终,五色成为中国传统色彩的主色调。

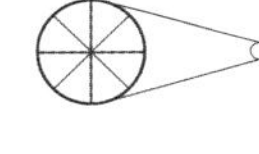

中国传统五色理论的哲学基础是五行学说,即金、木、水、火、土五种物质共同构成了世界。五行学说最晚在西周时已经形成,《尚书·洪范》中明确了“五行”为金、木、水、火、土。最初五行是指与人们劳动和生活密切相关的金、木、水、火、土五种物质材料,即人们物质生活的基本资源[24]。战国中期以后,五行学说与阴阳学说相结合,成为“阴阳五行”系统论,用来解释宇宙中所存在的一切自然现象以及人类社会生活中的所有现象,并且统治阶级将五色与五行、五方结合在一起,如图3-1所示。从图中可以看出,在东、西、南、北四个方向的基础上,增加了中;五色中的黄色在五行中属土,居于中央,其他颜色与物质分列于四个方向。黄色居于中央,说明了黄色的核心地位。自汉代以后,黄色成为中国古代帝王的专用色彩,并贯穿于整个封建社会,成为皇权、宗教的象征。其余赤、青、黑、白四色也一直作为主色调并通过不同的配色产生了丰富的色彩,到明清时期,已经有了近百种颜色。

潞绸,作为皇室贡绸,传统色彩理论必然成为其色彩构成的主要指导,代表了统治阶级对于色彩的偏好与解释。从文献记载中可以看出,黄、白、黑、红(赤)、青一直是上贡潞绸的主要色调。清代乾隆年间的《高平县志》中

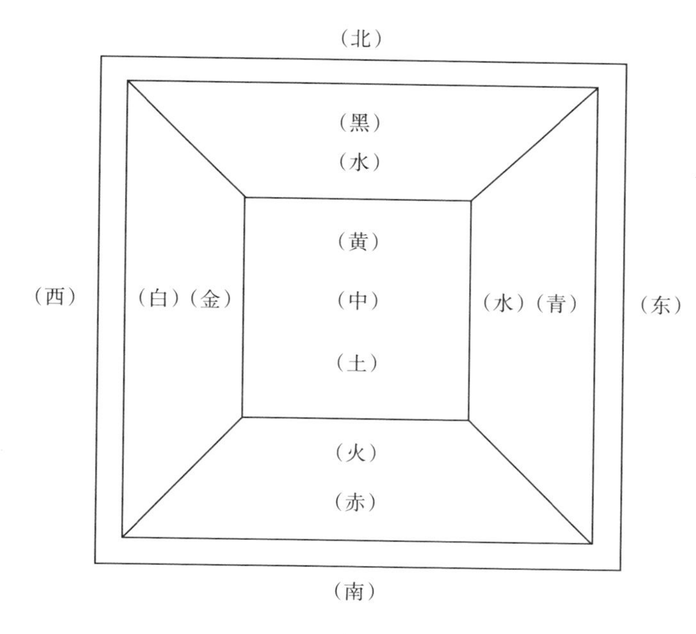

图3-1　五色、五行、五方关系图

记载了不同年份上贡潞绸的颜色及匹数，其中黄色、红色、黑色一直作为主要颜色，还有月白、金黄等色[3]。清代康熙、乾隆年间的潞绸进贡已经远不及明代万历、嘉靖年间，以及清代顺治年间，但潞绸的颜色依然保留了传统色，也就说明了中国传统正色是潞绸的主要色彩。

同时，中国传统色彩中的间色也丰富了潞绸的色彩。古代中国人在社会生产生活的实践中，已经逐步掌握了配色的基本原理（图3-2），即黄青之间是绿，黄白之间是缃（淡黄），赤黄之间是縓（橙），赤黑之间是紫（深红），赤青之间是绀（紫），青黑之间是黛（深蓝），赤

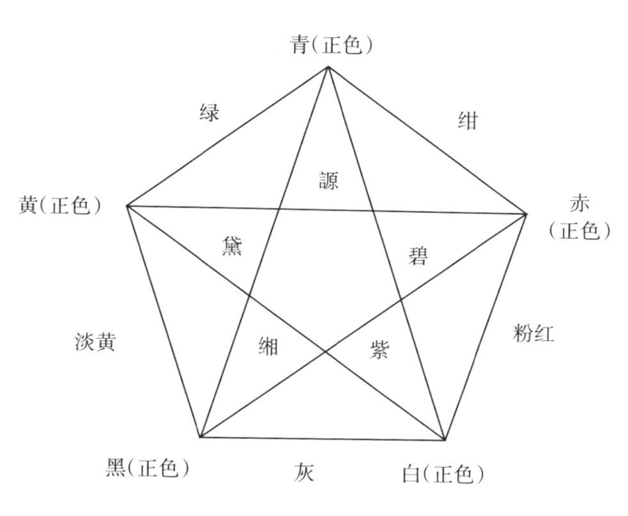

图3-2　中国古代配色图

白之间是红(粉红),黄黑之间是淡黄(橄榄色),青白之间是碧(淡),黑白之间是灰。从潞绸的传统染色工艺以及大量的民间留存来看,这些不同的色彩与正色一起构成了潞绸的传统色彩。

(二)明清时期流行色彩的运用

中国传统色彩是在中国传统文化的土壤中滋生的，贯穿于历朝历代,但每个朝代又形成了富有鲜明时代特征的色彩,从历代记载色彩的著作中可以看出中国古代色彩流行的趋势,表3-1为著作中的色彩统计。

表 3-1　著作中的色彩统计

著作名称	时代	红	黄	紫	褐	青	绿	黑	白	合计
《说文》	汉	12	2	4	0	4	3	3	5	33
《碎金》	元	9	6	2	20	4	6	4	1	52
《天工开物》	明	6	4	1	2	8	4	1	2	28
《扬州画舫录》	清	9	5	6	1	13	10	1	2	47
《布经》	清	9	15	14	1	24	12	13	3	91
《雪宧绣谱》	清末民初	8	14	9	8	18	14	11	2	84

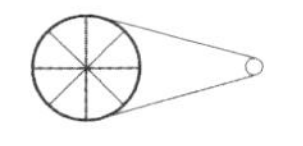

从表3-1可以看出,首先,从汉到清末民初,色彩的名目呈现不断增加的趋势,到清末民初达到了顶峰;其次,褐色在元代出现最多,达到20种,说明褐色是元代的主色调;最后,黄色在清代比以往朝代都多,说明清代朝廷对于颜色的限制已经不及以往任何朝代。

每个朝代的色彩有其特征,如:商以金德王,尚白色;周以火德王,尚红色;秦以水德王,尚黑色;等等。也说明色彩作为装饰艺术所具有的特征与同一时代的政治、宗教等密切相关,是政治伦理的外化形态,西周到明清的舆服制度细致入微地体现了这一倾向。如《周礼》中规定:“黄帝冕服,玄(黑)衣、赤(红)裳,用十二章,从公爵起视帝服降一等用之。”《尚书大全》中规定了十二章纹的色彩:“山龙纯青,华虫纯黄,作会宗彝纯黑,藻纯白,火纯赤。”《宋·舆服制》中规定:“文武三品以上服紫,四品服绯,五品浅绯。”明清时期,这一制度更加完备。《大明会典》中对各种仪式中穿着的服饰样式以及色彩做了详细的规定。

明清时期是潞绸发展的鼎盛时期，潞绸不仅是宫廷用品，也作为一种商品深入民间，因此，潞绸的色彩有着鲜明的时代特征。明末《天工开物》记载了28种颜色，明清时期增加较多的是青、蓝、绿等冷色或与冷色调相邻的颜色。清代《高平县志》中所记载的潞绸的颜色也反映了明清的时代特征："改造小潞绸四百匹，各长六托，阔一尺七寸。内天青三十匹，石青五十匹，沙蓝七十匹，月白二十匹，红青三十匹，黄色四十匹，红色十五匹，绿色 十五匹，秋色十匹，艾子色二十匹，共织四百匹……大绸颜色，大红八 匹，黄色十匹，金黄五匹，月白十五匹。小绸颜色，松花十匹，油绿二十匹，秋色二十四匹，天蓝二十匹，酱色四十匹[3]。"可以看出，潞绸作为明清时期的皇室贡绸，色彩丰富，不仅有传统的红、黄、白、黑、青，也有明清时期流行的冷色调，这在一定程度上也是明清宫廷审美的缩影。

同时，潞绸的色彩也反映了明清时期成熟的吉瑞祥和理念，这在大量的明清文学作品中得以体现。古典文学名著《金瓶梅》描绘了封建社会的市井生活，多次写到西门庆送给潘金莲潞绸衣物，就有纱绿、鹦哥绿、红绿、青、紫、红、蓝等多种颜色。古典爱情名著《醒世姻缘传》中也出现了红、油绿等色彩的潞绸。可以看出，民间潞绸的颜色也受到了祥瑞之风的影响，呈现出红红绿绿的喜庆之感。

（三）泽潞地区地域色彩的融入

五彩斑斓的自然界会带给人们丰富深刻的视觉享受，这个过程也是人们对自然客观认识的过程。同时，人们又以自己的主观偏好予以选择分类并赋予复杂的文化意义，即在不同的社会活动中使用所对应的不同颜色。潞绸的色彩浓缩了泽潞地区人民对自然、生活、社会等不同方面的理解。泽潞地区是农耕文明、蚕桑文化的发源地之一，以农耕、蚕桑为主业，大自然赋予了泽潞人民独特的审美情趣，对色彩的理解也源于此，因此，潞绸的色彩艺术又具有浓郁的北方风格与地方特色。

红、黄、绿等自然界存在的亮色调给人以明快、艳丽、喜庆之感，这些颜色的潞绸多在婚嫁、生子、满月、贺寿等喜庆的场合穿着使用。红色是潞绸最常用的色彩，包括大红、深红、浅红、桃红、柿红。大红色主要代表喜庆、热烈、欢快，一般用于婚礼上新娘穿着的礼服，表达了新人发自内心的愉悦，也彰显了泽潞人民豪爽、热情的性格特征。深红色较大红而言增加了一分内敛，桃红则更加活泼，这几种红色都在婚礼嫁妆中使用。桃红一般用于新娘的兜肚，深红用于新房装饰的桌围、坐垫等，浅红、柿红用于粉扑等。绿色在潞绸中的应用以深绿色为主，寓意勃勃生机，表达了泽潞人民对美好生活的憧憬。绿色与红色搭配，产生强烈的视觉冲击，更显示了喜庆、欢快的气氛。黄色多用在刺绣的动物图案或少部分花卉植物中，相比同样亮丽的红、绿色，黄色以及橙色在传统潞绸中使用不是很多，这与泽潞地区的生活色调、色彩偏好有一定的关系。棕色，又称为古铜色，较亮色调而言显得略微暗淡，象征着宁静、沉寂，在潞绸中使用较多，一般老年人穿戴的衣服、鞋帽和经书的封面等使用棕色。

同时，在长期的生产实践中，也形成了当地的传统色调——白色和黑色，但两种色彩的织物都有特定的用途。利用本色丝织出的素绸、素绢，曾经作为重要的商品销往新疆等西部地区，特别是大量用作哈达。泽潞地区，白色不能用作结婚礼服。黑色的使用则与当地的戏曲形式、风俗礼仪有关。泽潞地区的戏曲艺术繁荣已久，戏曲中经常使用黑色的水纱。同时，当地曾经盛行黑色的头帕，因其为黑色，所以也称为乌绫，当地的中老年妇女将之用于日常装饰与保暖，有时也用作送别逝者。乌绫与水纱在北方市场都有销售，前者直到20世纪中叶才逐渐消失，而水纱作为传统工艺品保留至今。黑色的盛行也使得传统的黑色染色法得以保留。

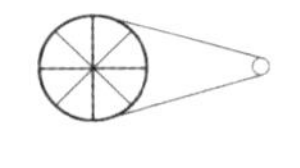

色彩是物体的外在表象，但却反映了主体的不同心理特点。潞绸传统色彩的形成与泽潞人民的传统文化、民俗禁忌、生活习惯密不可分，喜庆的大红大绿，凝重的黑白，都在不同的场合使用。在配色上，既有红蓝的鲜明对比，也有黑灰的协调搭配，即运用纯色对比或互补达到了色彩的和谐统一。人们运用色彩这一静态语言，表达出不同的气氛，或是热闹、喜庆，或是宁静、安详。随着社会的变迁、文化的融通和技术的进步，现代潞绸的色彩更加丰富，如白色、粉色、黄色等过去极少穿着的礼服也逐渐被人们所接受，标志着泽潞人民的审美观念更趋多样化。

第二节 潞绸的图案艺术

宋元至明清时期，中国的织物艺术继续保持旺盛发展的势头。作为织物艺术的图形视觉形象的纹样，经历了从动物、植物和人物、山水图像的装饰性构成到“图必有意，意必吉祥”的社会意念的演变，使织物艺术成为中国古代最富有民族特色的平面设计艺术[25]。潞绸的发展与兴盛正处于这一时期，因此其图案不仅是织造技术发展的产物，也是当地历史传统和艺术风格的体现。

潞绸织造的基本特点是：经线、纬线不同色，经线为地，纬线显花[26]。潞绸的图案通过纹样、刺绣、手绘三种手法得以展现，通过植物、动物、人物、文字来表达一定的意象。潞绸图案源于生活，又高于生活，是生活的艺术再现，既有中国传统的福、禄、寿、喜等吉祥图案，又有富有地方特色的山水、人物图案。

一、明清时期泽潞地区的文化特质

图案是一个地区文化的外在表现形式，纺织品与人的生活密切相关，服饰衣装展现了人的精神风貌。因此，特定区域、特定时间所形成的文化要素影响着设计者的理念，决定了纺织品的图案、内容等。

明清两个朝代延续了近五个世纪，是封建社会的末期，也是我国传统社会的转型时期，在政治、经济、文化等各个方面都呈现出与以往朝代不同的地方。经历元末的战争之后，明代初期，民生凋敝，朱元璋施行了一系列的政策措施，加强中央集权，兴修水利，大力发展农业生产；明代中叶以后，资本主义生产关系在封建社会内部萌芽，商品经济的繁荣促进了手工业的发展。因此，明清时期是我国传统手工业发展的顶峰时期。而在文化方面，随着中西文化的交流融通，市民阶层的不断扩大，自明代中叶直至清代，文化呈现出守旧与创新、保守与开放并存的特征。

泽潞地区地处中原腹地，是中华农耕文化的发祥地之一，古老的炎、舜文化，长期流传的二仙信仰，城隍、关帝、崔府君信仰，以及其他外来文化在这里融合，形成了独具地方特色的文化。明清时期，泽潞地区成为北方重要的商品集散地。传统手工业的发展带来了商品经济的繁荣，必然会改变自然经济基础之上的意识形态。因此，明代中叶以来泽潞地区的地方文化呈现出鲜明的时代、地域特点，其文化特质表现在：程朱理学的根深蒂固，科举与商业并重的绅商现象，市民化的世俗之风。

明代中叶以来，商品经济的发展冲击着传统的“重农抑商”思想，中国出现了晋商、徽商等著名商帮。商业的兴起带来价值观、审美观、社会风尚等方面的巨大变化，传统理学受到冲击，进而产生了市民化的世俗文化。据地方志记载，明代初期泽潞地区的潞安府“民多俭质而力农，士尚气节而务学”，泽州府“性质气豪，力勤耕种，悖而好义，俭而用礼[27]”。泽潞地区民风淳朴而勤俭，尽力耕织。明代中叶以来，山西的民风发生了很大的变化，世俗、奢靡之风盛行，如明代顾炎武所言：“国初，民无他嗜，崇尚简质，中产之家，犹躬薪水之役……后则靡然向奢，以俭为鄙……而奢靡之风，乃比于东南[28]。”泽潞地区独特的地理位置和多样的传统手工技艺带来了商品经济的繁荣，社会风俗、传统文化受到了强烈的冲击，从明《一统志》中可以看出当时泽潞地区奢靡之风的盛行。

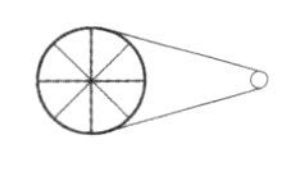

虽然世俗之风盛行，但是根深蒂固的程朱理学仍然占据一定的位置。封建社会的精英文化——程朱理学，经历了宋代的形成、元代的发展以及明代初期的繁荣之后，在明代中后期走向了衰落，但作为根深蒂固的传统文化，程朱理学仍是泽潞地区明清时期文化的重要组成部分。程颢是程朱理学中的重要人物之一，生于宋仁宗明道元年（1032年），十五六岁时便师从理学的创始人周敦颐学道，但一生多从事政治活动。他在宋仁宗嘉祐二年（1057年）中进士，先后担任过上元县（今属江苏）主簿、泽州晋城（今属山西）县令等地方官吏。在泽州晋城任职期间，他积极推行儒家的政治路线，向民众宣传儒家礼教。他按照儒家政治理想管理政事，“度乡村远近为伍保，使之力役相助，患难相恤，而奸伪无所容。凡孤茕残废者，责之亲戚乡党，使无失所。行旅出于其途者，疾病皆有所养。诸乡有校，暇时亲至，召父老与之语。儿童所读书，亲为正句读，教者不善，则为易置。择子弟之秀者，聚而教之，乡民为社会，为立科条，旌别善恶，使有劝有耻。在县三岁，民爱之如父母”。程颢按照儒家的仁政原则实施了一些惠民之政，在一定程度上减轻了百姓的痛苦。他将自己的思想落实到执政理念中，对泽州地区的影响深远，是这一地区程朱理学盛行的历史渊源。同时，根据山西的方志记载来看，明代是程朱理学在山西最为风靡的时期，河东由于薛瑄的影响而成为理学中心，自然也影响了与河东毗邻的泽潞地区。因此，尽管明清时期大兴世俗之风，但是泽潞地区依然推崇程朱理学。明清时期泽潞地区大力发展府学、县学，创办书院，根据《山西通史》统计如表3-2所示。

表 3-2 明清时期泽潞地区书院、府学、县学一览表

区域	书院	书院创办时间	府学、县学	府学、县学创办时间
潞安府所辖区域	上党书院	明代创建	长子县学	宋代创建
	莲池书院	清代创建	襄垣县学	北宋末创建
	雄山书院	北宋末创建	潞城县学	北宋末创建
	东山书院	明代创建	潞安府学	明代创建
	廉山书院	清代创建	屯留县学	南宋初创建
	麟山书院	清代创建	长治县学	明代创建
	漳川书院	清代创建	黎城县学	南宋初创建
	卢山书院	清代创建	壶关县学	南宋末年重建
	东阳书院	明代创建		
	壶林书院	清代创建		
泽州府所辖区域	明道书院	明代创建	泽州府学	宋代创建
	晋城书院	清代创建	高平县学	北宋创建
	宗程书院	清代创建	陵川县学	北宋末创建
	仰山书院	清代创建	沁水县学	南宋创建
	同文书院	清代创建	阳城县学	明代重建
	聚奎书院	清代创建	凤台县学	清代创建
	望洛书院	清代创建		
	碧峰书院	清代创建		
	凤原书院	清代创建		

由表3–2可以看出，明清时期泽潞地区虽然经济发达、社会文化呈现出世俗化的特点，但是依然保留了尚学、崇尚科举的传统，即科举与商业活动并重。虽然泽潞地区经商人数占人口的比例较高，但是传统的“万般皆下品，唯有读书高”的思想观念一直影响着这一地区的商人，他们强调从商行为是家境所迫。当积累了财富以后，他们通常会通过捐赠来赢得身份与社会地位。这种观念也在一定程度上推动了府学、县学以及书院的建设与发展，形成了尚学的良好社会氛围。

二、潞绸图案的主要题材

潞绸的图案源于生活，受到地方文化的影响，呈现出既有地域特色又有时代特点的审美情趣，不同的题材都反映了当地人民对美好生活的追求。

丝织品的艺术风格除了通过色彩来体现，还可以通过图案来表征。刺绣就是最早用来美化纺织品的一种工艺手段。在织花和印花工艺技术还未出现的时候，人们就已经使用画的方式来文身、文面。以后人们用麻、葛布、丝帛来缝制衣服，文身的纹样被转移到衣服上，形成了绣[21]。随着织造技术的发展，人们不仅可以通过织机织造不同的纹路，还可以用刺绣来装饰丝织品。

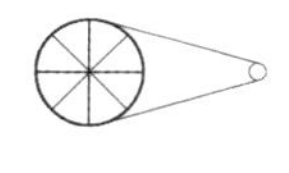

春秋战国时期，刺绣图案已经很丰富，以变体的动物纹与变体的花草藤蔓纹相互交叉，图案风格清新华美。织锦的图案以几何纹样为主，一类是将菱形、方格、复合菱形作为格架，在几何格内填充人物、动物、几何形图案等，形成组合型纹样；另一类是散点排列的小型几何纹。

两汉南北朝时期，刺绣以辫子股锁绣为主，图案以变体云纹、龙凤纹等为主。织锦图案在东汉时期出现了较大的变化，图案内容丰富，以充满神话色彩的动物、祥云、山岳为主，以流动的波弧线将图案分割。南北朝时期的图案是将动物、花卉或散点排列填充到横条、方形、圆形等几何格架中。

唐代刺绣以对称式散花、折枝花、团花为主，有绘画性的佛像刺绣和实用的装饰性刺绣。唐代织锦的重大转变是经线起花变为纬线起花，图案变得更加丰富，主要有联珠团窠纹、宝相花纹、瑞锦纹样、散点小朵花和小簇花、穿枝花、鸟衔花草纹、狩猎纹和几何纹等。

宋代，刺绣工艺得到全面发展，图案题材丰富，主要有人物、山水、花卉等。宋代所形成的刺绣工艺与图案风格为后世所传承，奠定了整个中国刺绣的基础。宋元时期，图案延续了唐代的风格，团花、花鸟、盘龙、盘凤等依然是纹样的主体。这一时期，关于丝绸花色图案的记载也日益丰富，在元代陶宗仪所作的《南村辍耕录》里记载了73种品名，可见这一时期图案的多样性。

可见，丝织品的图案是通过植物、动物、文字、人物、景观等加以表现的，并且在图案的设计、制作中体现了人的主观意识，明清以来的吉祥图案生动、具体地反映了人的主观愿望。但明清两代的区别在于，明代的丝织品名称不能体现其吉祥之意，而清代的名称则直接反映了吉祥之意。如明定陵出土的丝织物中，所见的名称只是对图案的客观描述，如缠枝莲花八吉祥、回纹地朵朵灵芝、大回纹潞绸女衣等；而晚清卫杰所编纂的《蚕桑萃编》中记载的名称都直接体现了吉祥寓意，如天子万代、富贵根苗、二则龙光等。陈娟娟所作的《明代的丝绸艺术》一文对明代丝织品纹样进行了总结（表3–3）。

表 3－3　明代丝织品纹样题材

纹样类别	花草	果木	飞禽及兽类	鱼类及其他	自然纹样	器物纹样	几何纹样	人物纹样
纹样	梅花 牡丹 莲花 菊花 山茶 芙蓉 玉兰 海棠 萱草 蜀葵 牵牛 绣球 水仙 兰花 灵芝 蔓草	桃子 石榴 佛手 柑橘 柿子 葡萄 荔枝 松 竹	鸾凤 仙鹤 孔雀 锦鸡 鸳鸯 喜鹊 狮子 仙鹿	鲤鱼 鲶鱼 鳜鱼 蝴蝶 蝙蝠 蜜蜂 螳螂	云纹 水纹 雷纹 日 月 星	灯笼纹 樗蒲纹 八宝纹 八吉祥 七珍图 春幡 如意	“卐”字纹 龟甲 方胜 方纹 四合 四出 连钱 锁子 双距	秋千仕女图 仙女图 引子绵羊图 戏婴图 百子图

潞绸的发展历程与中国丝绸的发展历程相伴，其图案风格也与中国传统丝绸图案的风格一致。其兴盛于明清时期，因此，更多地表现了明清时期的风格特点，其图案主要由不同的花鸟虫鱼、文字、人物等组合而成，用图案名称的谐音或者纹样形象来表达其吉祥寓意。

（一）花卉植物类题材

从现存潞绸实物来看，自然界中的各种花卉植物是潞绸图案题材的主要来源。花卉植物一直是我国丝织品图案的主要题材，图案的题材与人类的认知密切相连，传统植物纹样源远流长。汉代以前是植物纹样的起源时期，此时的植物纹样有着神秘的原始宗教意义。魏晋南北朝时期是植物纹样的转型时期，外来文化对此时期的图案产生了一定的影响。隋唐时期是植物纹样的发展时期，外来文化与传统文化、宗教文化与世俗文化等多种不同的文化相交融，丰富了植物纹样的题材，这一时期典型的植物纹样有宝相花、卷草纹、牡丹纹、杂花纹等。宋元时期是植物纹样的成熟期，植物纹样成为丝织品图案的主角，中国传统植物装饰纹样基本完备。《中国纹样史》中所列出的宋代和元代的植物纹样类型主要有莲荷、牡丹、海棠、梅、菊、秋葵、忍冬、石榴、桂花、樱桃、葡萄、芙蓉、茶花、栀子、芍药、桃花、水仙、兰花、蔷薇、芦苇、石竹、琵琶、荔枝、荼蘼、慈姑、浮萍、合欢、松、柳、牵牛花、甜瓜、常青藤、蕉叶、藻、灵芝等。宋元时期的植物纹样已经呈现了平民化的倾向，即高雅纹样逐渐通俗化，纹样的主题极具生活情趣。宋元时期的植物纹样为明清时期植物纹样的发展奠定了基础。

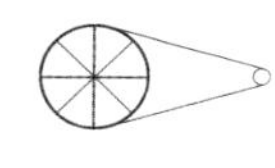

明清时期的图案题材广泛，常见的花卉题材有梅花、牡丹、莲花、菊花、蜀葵、芙蓉、玉兰、海棠、牵牛、绣球、水仙、兰花、萱草、芍药、茶花、石榴花、桃花等。常见的草类题材有蔓草、慈姑、水草等。常见的果类题材有桃、石榴、佛手、柿子、葡萄、荔枝等。常见的竹木类题材有竹子、松树等。兴盛于明清时期的潞绸，其植物纹样具有明清时期植物纹样的显著特征，主要题材有玉兰、石榴、桃花、牡丹、梅花等北方常见的花卉植物，成为北方织物艺术的代表。同时，民间织造花卉纹讲究成双成对。20世纪初销往河北、内蒙古等北方省份的潞绸头帕，均以这些花卉纹样为主，图案题材多为双石榴、双牡丹等，辅以“卐”字边纹。现藏于故宫博物院的潞绸有木红地折枝玉兰花纹潞绸、木红地桃寿纹潞绸、大红闪真紫细花潞绸等，都为明代丝织品植物题材中的精品。

明代万历年间的木红地折枝玉兰花纹潞绸（图3–3），长30.3厘米，宽12.3厘米，是制作经书封面的用料。此绸为三枚右向斜纹组织，地经为木红色加捻，地纬为黄色无捻，经纬交织成纬六枚斜纹折枝玉兰花，花蕾和花枝延长伸展并相互交错，寓意吉祥富贵。玉兰花产于我国的中部，为观赏性植物。属木兰科，叶子呈倒卵状长椭圆形，早春时节开花，花蕾较大。明清时期，玉兰花多和海棠、牡丹、菊花等相配，玉兰和海棠寓意家宅富贵。在明代丝绸纹样中常把海棠花朵放大，做穿枝式处理，常与其他花卉形成组合。玉兰与牡丹相配意为玉堂富贵，表示家庭富裕而有地位。如果将玉兰花与海棠花插入玉瓶中，则意为玉堂和平，寓意家庭富裕、和睦。

桃与桃花也是潞绸图案的主要题材，寓意长寿。木红地桃寿纹潞绸(图3–4)为故宫博物院所珍藏，此绸为三枚左向斜纹组织，地经为木红色加捻，地纬为绿色加捻，两者交织成纬六枚斜纹双桃托“寿”字图纹，桃寓意长寿，有“寿桃”之称。明代的丝绸纹样也使用桃子来象征长寿，明代的缂丝《瑶池集庆图轴》以众仙人赴王母蟠桃宴为内容，足以证明桃子在古代吉祥图案中的地位。桃子经常与寿字相配，称为“寿桃”。桃花也是常用的吉祥纹样，既是春天的象征，也反映了人们对幸福生活的追求。桃花常和流水一起描述春天的景象，明代丝绸中就有“落花流水”纹样，水波纹上漂着桃花、梅花等，表达了人们对于春季雨水充足的喜悦之情。此外，在明代丝绸中，也用桃花山鸟等题材反映爱情和幸福生活。

竹子生长于南方，也为丝织品常用的纹样题材，不同的时代有着不同的寓意。唐代以长安竹纹样代指平安。宋元以来的丝织品纹样及绘画中，松竹梅岁寒三友、梅兰竹菊四君子等题材盛行，丝绸中的长安竹纹样是“平安”的象征，在明清时期这些题材仍然流行。同时，在明代的丝绸纹样中，竹谐音“祝”，作为其纹样的含义，表示祝福等。现藏于故宫博物院的大红闪真紫细花潞绸，其组织为三枚斜纹地和六枚斜纹提花，经纬线均为弱捻，花组为红地绿花的长安竹，如意头形折枝，中心为一竹花，左右饰一竹叶。长安

图 3-3　木红地折枝玉兰花纹潞绸

图 3-4　木红地桃寿纹潞绸

竹纹潞绸(图3-5)是定陵出土丝织品中袍料和匹料中最长的,外幅84.5厘米,内幅82.3厘米,匹长20.67米。而且在这匹潞绸上既有腰封,又有墨书题记。腰封用白棉纸做成,长30厘米、宽15厘米左右,腰封上下印有栏框,框内有云龙图案，中间正面为龙，两侧为流云纹，也有卷草纹。袍料的墨书题记分别记载了袍料的颜色、纹饰、质地、用途、长度等，匹料的题记则记载了织品的名称、产地、长度、织造年月、织匠的姓名等。

图 3-5 长安竹纹潞绸

葫芦在中国古代除用作蔬菜之外，还可以用于制作乐器、盛酒器等。葫芦也是丝织品中常用的图案题材，借鉴其谐音“福禄”，表达了传统的吉祥理念。明清时期的葫芦纹常与寿字纹、山纹等相配，寓意“福禄寿山”。五个葫芦和四个海螺围合成团花，取“五湖四海”之意。中国艺术博物馆珍藏的灰绿地平安万寿葫芦形灯笼纹潞绸（图3-6），有着浓郁的地方民俗特色，“平安”“万寿”两组文字分别镶嵌于两个葫芦形灯笼中，表达了人们对生活、对人生的美好祝愿。

石榴也是潞绸常用的图案题材，石榴寓意多子多福。据老艺人讲述，20世纪20年代以来，行销各省的头帕，其图案就有双石榴。将石榴作为图案，体现了中国传统文化中对多子多孙的祈盼。

由此可见，花卉植物是潞绸图案的主要题材，体现了人们对自然的热

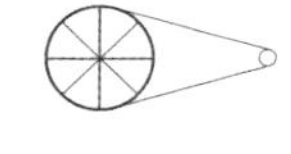

图3-6　灰绿地平安万寿葫芦形灯笼纹潞绸

爱，对生活的祝福。

（二）动物类题材

陈娟娟在所作的《明代的丝绸艺术》中，对明代丝绸纹样中动物类纹样做了详细的论述，以明代《大藏经》封面裱装的丝绸纹样为范本进行了总结。其中，兽类主要有狮子、仙鹿等，飞禽类主要有鸾凤、仙鹤、孔雀、锦鸡、鸳鸯、喜鹊等，鱼类主要有鲤鱼、鲶鱼、鳜鱼等，其他类有蝴蝶、蝙蝠、蜜蜂、螳螂及“五毒”题材等。笔者通过北京故宫博物院及中国艺术博物馆所收藏的潞绸实物以及实地走访民间艺人，发现潞绸的纹样及其图案以花草果木题材为主。动物题材多在民间所收藏的丝织品中出现，以绣为主，涉及所提及的明代丝织品动物类题材的绝大部分，如喜鹊、鱼、老虎、蝙蝠、蝴蝶、孔雀、鹿等，这些题材与人生重要场合紧密相连，喜鹊、凤、蝴蝶、孔雀多用在结婚时陪嫁的衣物上，象征美满的爱情生活。

泽潞地区是传统农业文明的发源地之一，中华民族的传统文化根深蒂固，作为人生最大的“喜”便是结婚、生子，喜鹊登梅、凤戏牡丹、鱼莲娃娃等就表达了血脉传承、生生不息的传统价值观。民间认为喜鹊能报喜，作为喜气的象征，喜鹊在中国传统祥瑞文化中有很重要的地位。明代主要的喜鹊纹样是“鹊桥”补以及喜鹊与梅花的组合，前者用于明代宫中，后者则是后来流行的喜鹊登梅纹样，寓意喜上眉梢。泽潞地区，传统的“喜鹊登梅”图案(图3–7)多出现在结婚的陪嫁衣物上，这一传统理念延续至今，如在现代潞绸的产品设计中，将喜上眉梢这一象征美好、吉祥的传统图案绣在靠垫上(如图3–8所示)。

图 3–7 “喜鹊登梅”图案

图 3–8 现代潞绸手绣品
(吉利尔公司 提供)

流传于泽潞地区民间最多的动物图案是鱼类，鱼类题材多用于当地婚嫁时新娘的陪嫁品上，人们用鱼类与不同的植物组合，寓意期待生命的延续。鱼类纹饰流传已久，西安半坡出土的彩陶盆上的鱼纹和简化鱼纹有一定的代表性。据研究人员推测，半坡氏族可能认为他们的祖先是鱼，或是长着人头的鱼，这是中国最早的吉祥符号。唐代的鲤鱼纹图案已经有“鲤鱼跃龙门”的寓意，明代也将鲤鱼与水波纹组合在一起，也有“鱼跃龙门”之意。除此之外还有用飘带连缀的双鲤鱼纹样，是“八吉祥”纹样中的一种。民间流传的潞绸中也有鲤鱼的图案，用平针绣将鲤鱼活灵活现地展现在丝织品上。图3-9就是一幅鱼莲娃娃绣，娃娃为人首鱼身，与莲花、莲子、蝴蝶同在一个画面，表达了绣者对生命延续的企盼。同时，这幅作品中含有蝶恋花的图案，象征了忠贞不渝的爱情。

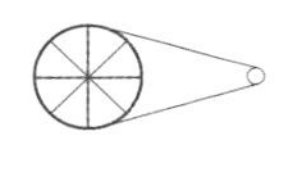

图3-9　鱼莲娃娃绣

笔者实地走访发现，鱼的图案与人物图案组合在一起，多为人面鱼身，人物的形象以活泼可爱的婴童为主。人面形象与鱼纹相结合是古代陶器纹饰中的一种，以新石器时代仰韶文化中的人面鱼纹盆较为典型。人面鱼纹既是原始先民对渔猎收获的祈愿，也是将鱼作为图腾崇拜的表现。图3–10中的两幅图案均是泽潞地区所绣制的人面鱼纹图案，将人面、鱼纹与植物、花卉、云纹相结合。

图 3–10　人面鱼纹图案

老虎是明清时期潞绸绣品的主要动物题材，如图3–11所示，其与狮子一样，都是以形象直接寓意威仪。兽类题材多用于武官的常服补子，明代服制规定，武官一品、二品狮子，三品、四品虎豹，五品熊罴，六品、七品彪，八品犀牛，九品海马[29]。在某些节日，宫廷中也使用一些生动活泼的兽类图案来制作补子，如五月端午的艾虎毒补子。同时，民间也使用一些兽类题材表达对美好生活的热爱。泽潞地区民间多用狮子滚绣球图案来表示喜庆，老虎图案多出现在为孩子制作的玩具和鞋帽上，如虎玩具、老虎帽、虎头鞋等。如图3–12所示的虎头鞋，鞋帮为黑色，虎头用红、黄、蓝三种颜色的丝线绣制，是对孩子健康、平安的祝愿。

图 3-11　潞绸工艺品

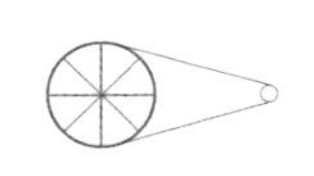

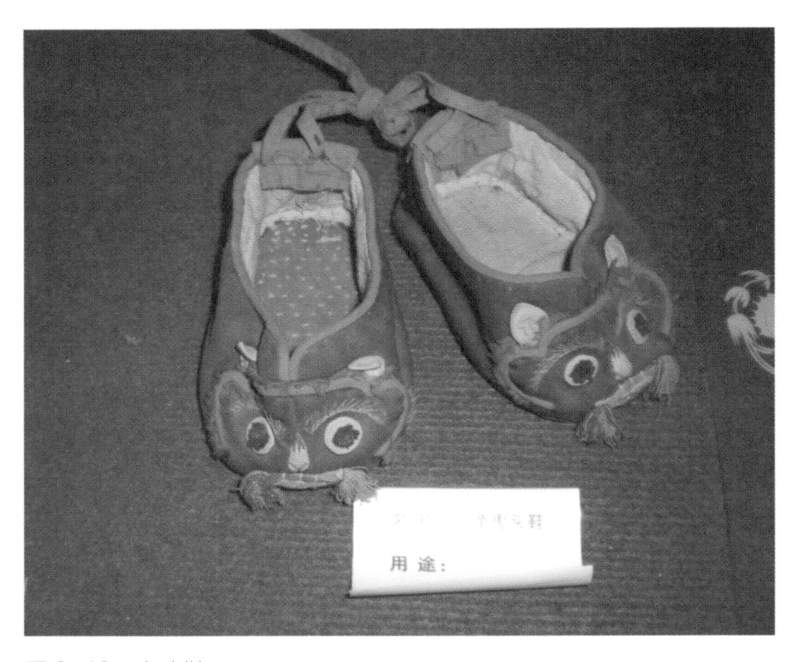

图 3-12　虎头鞋

孔雀，古代称为文禽，自汉代以来一直是中国传统工艺中常用到的纹饰题材，到唐宋时期更为流行，达到顶峰。明代服制的规定中，孔雀用于三品文官补子。民间也常用孔雀来象征爱情美满、生活幸福，如图3-13所示。

潞绸动物题材图案除了传递“喜”的理念，还采用其他图案组合表达“寿”，如图3-14所示的图案中，猫与蝴蝶组合，谐音“耄耋”，用来寓意长寿。蝴蝶作为丝绸上的纹样一直不是很多，明代中期有一些蝴蝶与花卉的组合图案，到清初渐多。

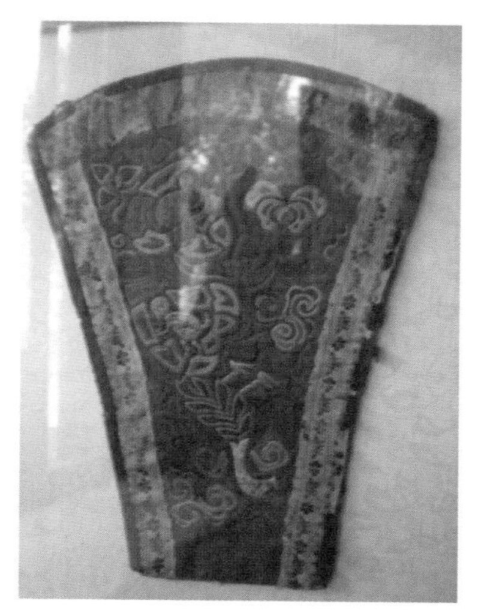

图 3-13 孔雀图案

图 3-14 猫蝶图案

蝙蝠是明清吉祥纹样中吉祥动物中的一种，主要取蝠的谐音“福”，常与代表长寿的植物组成图案，寓意福寿双全。清代最具代表性的蝙蝠图案是将五个蝙蝠围住一个圆形的“寿”字，即“五福捧寿”。潞绸是明清时期具有代表性的丝织品，蝙蝠图案也成为其主要的吉祥动物图案(图3-15)。

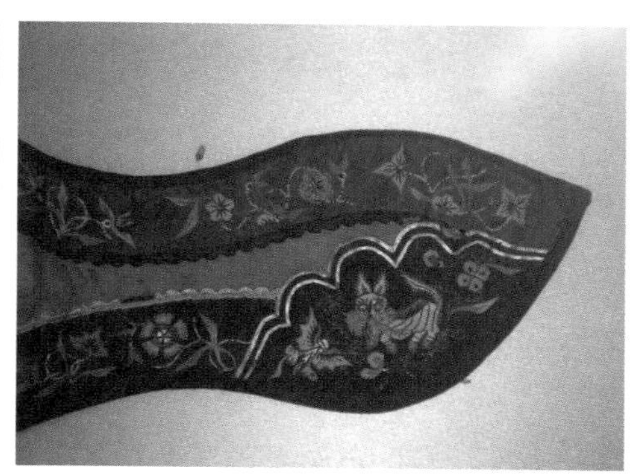

图 3-15 蝙蝠图案的钱包(左)、帽尾(右)

(晋城乔欣 提供)

民间收藏的潞绸中还有鹿、仙鹤等动物图案。鹿的纹样在仰韶文化遗址出土的彩陶盆里已经有出现，鹿在明清丝绸刺绣中有长寿之意，可以与仙鹤、灵芝、松树等图案组合。另外，鹿与“禄”谐音，鹿的图案反映了祈盼高官厚禄的心理。图3-16为丝绸枕顶中鹿与花卉的组合图案，象征长寿。

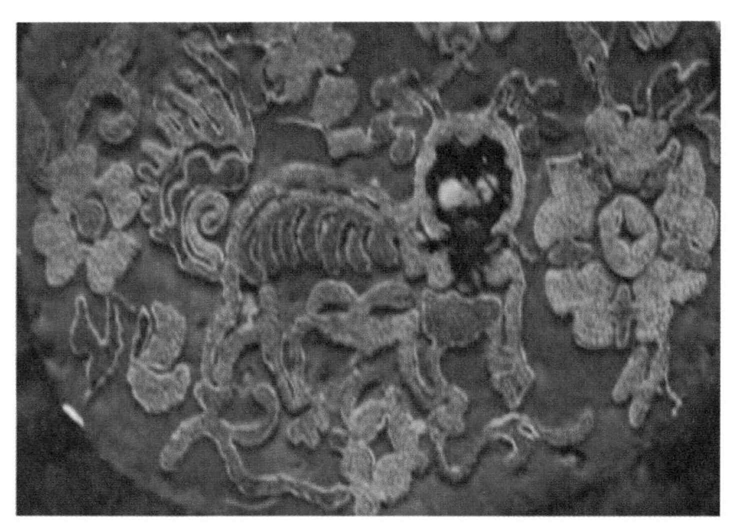

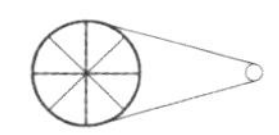

图 3-16　丝绸枕顶中鹿与花卉的组合图案

（晋城乔欣　提供）

仙鹤在明代主要作为一品文官补子的纹样，也常与云纹、松、鹿等组合，均象征长寿。图3-17为当地民间收藏的清代官补。

整体而言，动物类题材的图案以绣为主，突出了喜庆，婚嫁为喜，生子

图 3-17　当地民间收藏的清代官补

为喜，是泽潞地区多子多福传统观念的体现。

（三）传统吉祥文字类题材

吉祥文字的应用也是潞绸图案艺术的特点之一，且一直延续至今。吉祥文字以“寿”和“卐”字应用最广，以最直接的方式表达了人民的吉祥理念。明清时期的工艺美术以各种不同的方式表达了吉瑞、祥和的理念，以不同的文字组合方式传达了这种理念。正如赵丰在《中国丝绸艺术史》中所说：“明清织物中还有一个特点是吉祥文字的应用增多。这些字大多是寿、福、禄、喜等，尤其以寿和喜用得最多[1]。”

万字纹既是典型的几何纹样，也是万字在装饰纹样中的应用。万字纹，即“卐”字纹样。其本为梵文，是上古时代部落的符咒，在许多国家的历史上都曾经出现，如古代印度、希腊、埃及、波斯等。这一纹样在中国的传播与印度佛教的传入密切相关，佛教用语中意为“吉祥海云相”，唐代武则天长寿二年（693年）成为汉字“万”。民间所见的潞绸中，“卐”字纹多用作边纹，有不同的表现形式，如图3-18所示，“卐”字纹意为无限，织物中常将“卐”字连续重复排列，称“卐字不断头”。

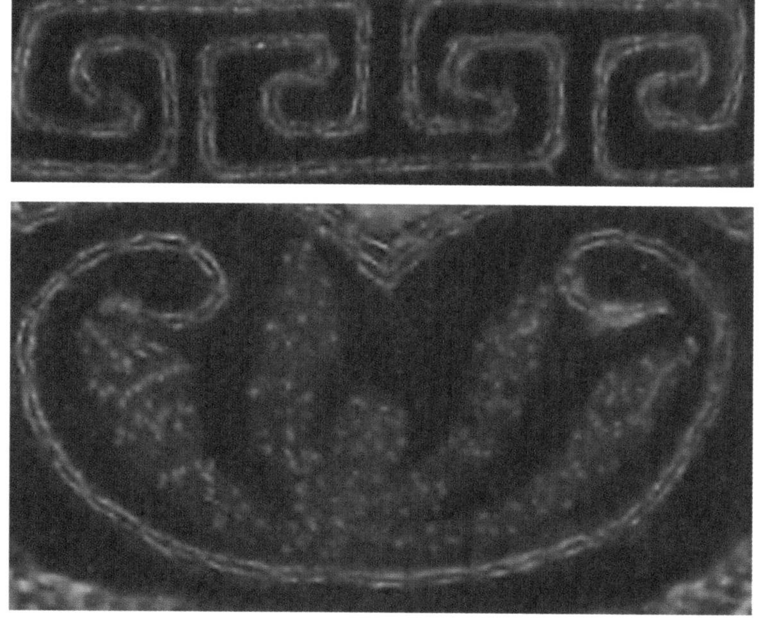

图 3-18 “卐”字边纹

图3-19 酱色地寿字纹潞绸

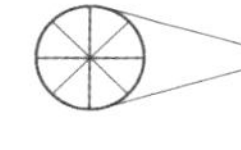

寿字纹也是潞绸图案题材中常用的文字纹样，用“寿”字直观地表达了对长寿的渴望。明清时期的寿字纹有各种形态，广泛应用于上至皇帝、达官贵人，下至平民百姓的服饰中。正如赵丰的《中国丝绸艺术史》中所描述的，“明代织物中的楷书寿字，最为直观，有变形的团圆寿和长圆寿者，用寿字的外形来增加其含义。还有极为抽象者，如太极图案一般简单，出现在明定陵出土的织金奔兔纱上。清代晚期，寿字中还织出或绣出各种纹样，或是人物，或是花卉，极为华丽”。故宫博物院珍藏的木红地桃寿纹潞绸（图3-4）与中国艺术博物馆所藏的酱色地寿字纹潞绸（图3-19）都体现了明代寿字纹的特色。前者将“寿”字与桃结合，两只桃托起一个“寿”字，后者整幅丝绸只有“寿”字，直观、具体地表达了长命百岁的美好愿望。这一表现方式同样体现在了现代潞绸的产品设计中，见图3-20。

此外，也有“福”和“喜”同时出现在一幅丝绸中，体现了传统的吉祥文化。“福”与“喜”是具体的文字，丝织品作为艺术与文化的载体，将汉字直接织或绣于丝绸上，直观地表达了对于福气、喜气的追求，如“福寿三多”“福运天来”“福在眼前”等都是典型的福气纹、福运纹。民间流行的喜字图案众多，如双喜图、同喜图、报喜图等，都表达了美好的愿望。而且，在古代社会，福与喜都被供之以神，有福神、喜神，天官是民间的福神，和合二仙则是民间的喜神。图3-21所示的福、喜绶带是山西省阳城博物馆收藏的绣品，这幅绣品两个“福”字分列上下，“喜”字在中间，箫、蝙蝠、牡丹图案贯穿其中，整幅图案寓意福喜双至、婚姻美满。

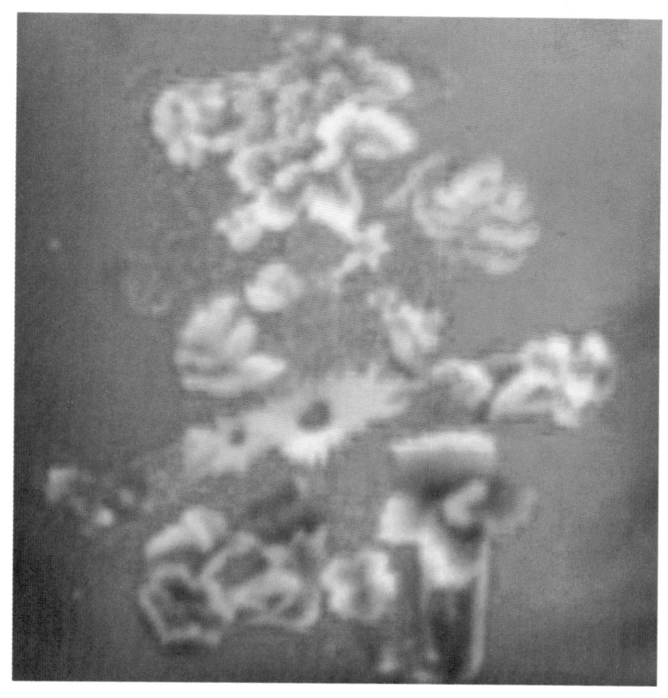

图3-20　百花庆寿手绣靠垫

图3-21　福、喜绶带

福、寿、喜、万字的应用，体现了泽潞人民对吉瑞祥和生活的追求，并且这种理念一直延续至今。

（四）世俗化的人物题材

明代晚期开始，世俗化思想影响着社会生活的各个方面，体现在文学、绘画、织物等不同的作品中。因此，明清两代的纺织品图案中，人物题材也成为丝织品传达吉祥理念的重要内容，较为常用的人物有仕女、婴童、神仙等。明清时期仕女的图案常与祝寿有关，这类主题的原型大多来自麻姑献寿。另外还有捧螺女子，这类题材可能与道教思想有关。泽潞地区，民间流传最多的人物题材包括两类：一类是反映生活场景的嬉戏画面，是女子生活场景的再现，反映了当时女性的生活情趣；另一类是地方戏曲人物。根植于泽潞民间的上党梆子，形成于明代后期，戏曲故事、戏曲人物成为刺绣艺术的重要题材，通过一针一线，再现了戏曲的场景和人物，使戏曲艺术不断向百姓的社会生活中延伸。同时，戏曲艺术也丰富了潞绸的题材内容。潞绸图案中的人物题材突出体现了明清审美的世俗化、生活化倾向，如图3-22所示。两幅图案中的人物形态迥异，穿着、发型、佩饰等各不相同，展现了晋东南地区独具地方特色的民俗民风。图3-23中的两幅潞绸均为枕顶，以白描的手法生动地刻画了不同的人物形象。两幅潞绸长23厘米、宽22厘米，织物结构为平纹组织，经密度90根经线/厘米，纬密度60根纬线/厘米，图案内容取材于上党戏剧《二进宫》。

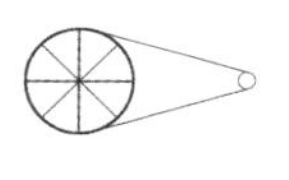

图 3-22　形象迥异的人物图案

图 3-23　明代丝绸手绘枕顶

（长治市田秋平　提供）

第三节 潞绸织造的技术美特征

一、技术美:技术与艺术的交融

技术美,顾名思义就是技术所蕴含的美学特征,也就是一个产品的设计既要遵循科学性、实用性的原则,即满足人的基本使用要求;也要美观大方,具备一定的观赏性,即在能用的基础上带给人美的享受。中国传统丝织品本身既是技术产品,也是赏心悦目的艺术品。它穿着舒适、图案精美,是传统丝织技术与艺术的完美结合。每件丝织品都融入了织工对自然、对生活的理解,丝织品的技术美学特征是织工的技术思想与织工传统审美观念融合而产生的,不仅具有实用功能,还兼具了艺术美感。因此,从技术美学的角度而言,探索中国传统丝织品就是在探讨丝织技术与艺术的关系。

最初的艺术起源于人体装饰,衣装服饰所体现的艺术特征是随着人类生活、生产水平的不断提高而产生的。德国民俗学家、艺术史学家格罗塞将艺术分为动态和静态两种类型,并将原始艺术分为人体装饰、音乐、舞蹈、装潢等不同类别。通过考察发现,原始艺术首先起源于静态艺术中的人体装饰,即饰物佩戴。早期的人体装饰与身份、地位、等级相关,也就是与社会的组织、活动形式密不可分。而不同的人体装饰是不同技术的产物,故而技术与艺术是随着各种社会制度以及审美观念的变化而发展的。从中国传统服饰发展来看,明清时期相对完善的冠服制度可以说是这种思想的集中体现。

技术的发展与人类文明的演进是同步的,而且随着探索自然的深入而不断发展,因此技术的发展推动并加速了人类文明的进程。在人类探索自然的过程中,技术总是以自觉或不自觉的行为出现,这种行为最初以人的自身需求为目的。原始人类依靠狩猎、捕鱼等为生,穿着简单的编织物,因此就产生了最简单、实用的工具和编织手法,也就是原始技术。旧石器时代,生产力水平低下,人类在与自然的不断斗争中生存,出土的各种石斧、石镰等简单的砸、砍工具,表明了人类的生存方式与思维方式,没有装饰图案和复杂的工艺,一切以“能用”为主,这就是原始技术的核心。新石器时代是人类文明发展的又一个历程，磨制石器的使用表明技术发展到了新阶段,不仅出现简单的打制石器,还开始考虑工具的美观性——除了打制,还进行进一步的加工,将石器磨光、钻孔等;而且出土的石器等已经有装饰性图案,大部分题材为鸟、猪、稻、几何纹等。也就是说,这一时期的技术提高了工具的实用价值,而且渗入了艺术审美。仰韶文化遗址出土的彩陶、龙山文化遗址出土的大量精细黑陶等,均是原始艺术产生的佐证。不同时代出土的石器、瓷器等器物上的各种花纹、图案可以看作是艺术的起源,也是实用技术与艺术的结合。色彩、花纹、图案等是人类通过对周围事物的观察,再通过一定的技术手段所做出的呈现,这也是艺术的最初表现方式。原始技术与艺术的交融与原始图腾有关,图腾大约与氏族社会同时产生,每个氏族往往采用一种动物或植物作为本氏族的标志,并认为他们的祖先是由这种图腾演变而来的。事实上,这样做是把自然存在物人格化,并赋予其超自然的力量。可以看出,技术的发展历程中渗入了人们对自然、对生活的理解,并以不同的艺术形式加以表现。

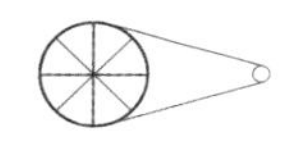

纵观技术与艺术发展的历史及渊源，二者的融合发展经历了几个阶段:技术发展的初期只考虑物品的实用性,即物品的功能性;技术发展到一定阶段,原始艺术产生,但首先考虑的仍然是物品的实用价值,然后才融入了审美情趣;技术不断革新,生产力水平进一步提高,人类的审美能力也提高了，技术与艺术的融合表现在高技术水平下生产的仅供观赏的艺术品。同时,艺术又是文化的一种表现形式,在技术与艺术的交融中渗透了不同的文化特点,文化以一种潜移默化的方式影响着人们的设计、制造理念。中国传统丝织品不仅表现了东方独特的衣装服饰美,而且也表现了中国博大精深的传统文化,是技术与艺术完美融合的具体表征。

二、潞绸蕴含的技术美特征

在中国传统技术发展的宏大历程中,物的实用功能是建立在技术基础之上的。新技术、新工艺都会给物带来新的功能、品种，进而产生新的艺术风格。人类纺织技术与艺术的融合体现了纺织技术所具有的技术美特征，包括了功能、形式、材质、工艺等方面。明清时期是手工业蓬勃发展的时期，传统织机的不断创新以及新工艺的出现，使得丝织品的用途更加广泛，建立在丝织技术发展基础之上的潞绸是技术与艺术完美结合的典范，如同其他器物一样，从形式、功能等方面都体现了技术美的特征。

(一)功能美

潞绸的功能美，包括了潞绸的自然功能美与社会禀赋功能美两大方面。潞绸的自然功能源于其自然属性。布料，决定了其本质功能：衣装服饰与生活修饰。潞绸，首先作为衣物而存在，伴随着人们的一生，从出生、成长、结婚、衰老至去世。其次，潞绸也作为生活的装饰品。从正月初一到十五，每家每户都要用丝绸做成的漂亮桌裙作为重要的生活装饰物品。潞绸的社会属性，决定了其禀赋功能。明清时代潞绸兴盛的一个重要原因是宗教的兴盛与社会礼制的完善。宗教的兴盛使得丝绸的需求量大增，即大量的潞绸被用作经书的封面。明代社会礼制完善的一个重要表征就是严格的服饰制度，如开国之初的洪武年间(1368—1398年)即规定："令品官常服用杂色丝、绫、罗、彩绣。庶民只用绸、绢、纱、布，不许别用[29]。"此外，泽潞地区明清时期的地方志记载了许多女性在丈夫去世之后将纺织作为谋生的手段，被人们称颂。

(二)形式美

潞绸的外观符合人的感官需求，给人们带来了美的享受。其形式美具有简单性、对称性、和谐性与充实性等特点。简单性体现在图案的题材以植物、动物、文字为主，而且图案对称、简洁、明快，表达了人们对美好生活的追求。同时，图案又具有和谐性。追求天、地、人的和谐是中国传统文化的精髓，也是传统美学追求的根本。潞绸的和谐性体现在两个不同的层面：其一是材质、色彩与图案的统一，这是由潞绸的实用性所决定的，实用与审美相结合构成了和谐之美；其二是图案与纹样的和谐，将不同的动物、植物图案与纹样加以组合，统筹协调了不同的单元组织，构成一幅美好、和谐的图景。潞绸的形式美还具有充实性的特征，包括图案的整体与局部两个方面。

整体的充实性是指用万字纹、寿字、桃、玉兰花、凤、蝙蝠等不同的文字、植物、动物等组合，充实了图案的内容；局部图案的充实性，则表现在看似简单的动植物图样，却用丰满、细腻的手法加以表现，使得局部图案栩栩如生。同时，整体与局部又相互关照，浑然一体。

（三）材质美

潞绸的材质美包括质美与色美。质美体现在潞绸的舒适度方面，舒适、美观、大方是潞绸衣装服饰所具备的特征。潞绸质地轻、悬垂性好、透气性强，不仅满足了人体对舒适性的要求，也更容易与东方女性特征相结合，展现出东方女性的传统美。色美是指潞绸的颜色既有纯洁的白色，庄重的黑色，也有鲜艳、明快的红、黄、蓝色，相近颜色的调和以及不同颜色的对比，给人以古朴、自然之感。

（四）工艺美

潞绸只有通过一定的工艺才能最终体现其价值，其工艺美表现在设计、构思和方法三个方面。首先，体现在潞绸的设计上。如同其他器物一样，潞绸的设计也以实用为前提，无论作为衣装服饰、经书封面，还是枕顶、桌裙，设计的大小、形状、图案都以实际功用为基础，并在实用的基础上力求美观大方。其次，潞绸的构思以传统的吉祥寓意为主线，通过各种吉祥图案来表达传统的福、禄、寿、喜。最后，体现在潞绸的实现方法上——采用不同的织、绣、染方法，通过小机、大机、多综多蹑织机等不同木织机织出不同的织物，并利用早在明清时期就从德国进口的颜料以及泽潞地区传统的人工染色方法染成独具特色的色彩。

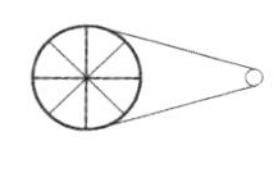

自然、社会与生活为潞绸的图案、纹样提供了源源不断的题材。不同的图案与丰富的色彩相结合，反映了当地人的精神生活。潞绸的发展，是丝织技术与审美文化相互融合、不断演进的历程。潞绸，是技术与艺术的综合体现。

第四节 潞绸织物艺术形成的地域因素

人类在认识自然、改造自然的过程中,形成了对自然、生活、社会的不同理解,并将自己的认识与想象赋予客观世界,形成了艺术。人们的认识受到所生活地域的自然、人文、经济等多方面因素的影响,形成具有地域特征的思维方式和思想观念,进而产生地域文化。这种地域文化又深刻影响了当地人造物的方式,形成了民族的、民间的技术工艺。潞绸是根植于泽潞地区的民间工艺,因此,潞绸的图案、色彩所具有的艺术特征,与泽潞地区长期形成的地域文化不可分割。

一、自然因素

泽潞地区位于山西省东南部地区,地处黄河腹地,太行山、太岳山南麓。晋东南地区四季分明,夏季炎热,冬天寒冷,但又有别于晋北地区干燥寒冷的气候特征,这一区域雨量较为充沛,湿度较大,适宜栽桑养蚕,尤其是阳城县,地处东经112°01′~112°38′,北纬35°12′~35°40′,属海拔800~1600米的褐土区域,是桑树栽植、桑蚕饲养的最佳生态区。当地的气候条件适合多种农作物、树木、花草的种植与栽培,丰富的树木、花草为潞绸提供了丰富的素材。

泽潞地区的气候较之山西的北部地区(晋北地区)更加宜居,冬季没有晋北地区严寒,夏季比晋北地区炎热。因此,当地人的衣着习惯与晋北地区呈现了不同的特点,最为突出的一点是丝绸服饰的穿着。晋北地区处于高寒地区,即便是在夏季,早晚温差也较大,人们更倾向于选择棉质的服饰,认为其更加适宜穿着。晋东南地区的夏季炎热,人们更愿意穿着凉爽、舒适的面料,桑蚕丝服饰更为畅销,这一穿衣习惯也影响了潞绸的特点。即由于北方气候整体较南方凉爽,故北方丝绸没有南方丝绸轻、薄,显得较为厚实。因此,潞绸也显示出了这种特征,较其他绸缎更为厚实。

绵延的太行山脉与奔腾的沁水、渭河孕育的晋东南文化，既具有大山文化的豪迈，又具有青山绿水的灵秀。因此，泽潞地区所呈现的是一种兼具粗犷与细腻的文化特征。图3–24是泽潞地区常见的生活色调，反映了泽潞人民的生活主色彩。晋东南地区的传统院宅多呈黄土的本色或者青砖色、红砖色，大门用木头做成，涂上黑色、红色、绿色、蓝色，与南方丰富、绚丽的色彩相比，较为单调、凝重。在相对单调的色彩条件下，当地人民更为喜好那些单纯、亮丽的色彩，将自己对生活的美好祝愿凝聚在各种色彩之中。

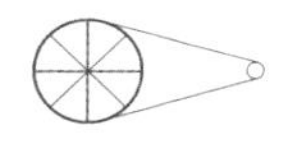

图 3–24　泽潞地区常见的生活色调

二、泽潞人民生活的吉祥理念

织物艺术取材于自然，根植于民间。潞绸的图案、色彩艺术源于泽潞人民在长期的生产生活中所形成的自然观、价值观和人生观，源于追求平和、安稳、宁静、幸福的人生态度和家庭观念。泽潞人民通过自然界中的花卉植物、现实生活场景、民间艺术等不同的题材，以潞绸为媒介，集中体现了传统文化"福""禄""寿""喜"的吉祥理念。从传统的儒家经典文化，到宋明理学的人性解读，都崇尚生活的祥和美满，这一吉祥理念渗透到人们生活的方方面面，也影响着潞绸的设计和审美，尤其到明清时期，吉瑞祥和的理念体现在了不同的织物艺术中。潞绸的图案艺术源于生活的吉祥理念，有着深刻的历史文化渊源。泽潞地区是人类文明的发祥地之一，有着众多的早期人类活动遗迹，神农尝百草、穆天子观桑、成汤祈雨等，从各个角度记载了早期先民们在这片土地上的生活印迹，反映了先民们对自然万物的好奇与敬畏，成为泽潞地区吉祥理念产生的根源，即崇拜天地，祈求风调雨顺。明清时期，随着经济的繁荣与发展，泽潞地区成为富庶之地，市民阶层的形成，使得意识形态发生了转变，吉祥理念从崇尚皇权、祈求长生不老的传统思想转变为企盼生活吉祥、阖家幸福的世俗观念。

潞绸兴盛于明清时期，成为上至达官贵人、下至黎民百姓穿着、使用的织物，以其特有的方式影响着当地人民生活的方方面面。以婚嫁为例，婚嫁是当地人生活中极为隆重的事情，嫁娶时备用的衣物都是贵重的丝制品。女方以棉袄极为典型，其上有缠枝牡丹、凤穿牡丹、喜鹊弄梅、多子多福等多种吉祥图案，象征着人丁兴旺，日子越过越殷实。男子衣服图案以缠枝牡丹、灵芝、莲花等为主，配以"卐"字纹、云纹。因此，潞绸的图案体现了人们期盼生活美满、人丁兴旺、健康长寿的祥瑞观念，向我们展示了当地人民历经多年所形成的传统吉祥理念。

三、传统象征意义的自然崇拜

现存于民间的潞绸的图案，特别是刺绣作品中选取的凤、鱼、虎题材，提取了物的象征意义，体现了民间古朴的自然崇拜，而且这些题材作为古老泽潞文化的载体一直保留至今。

凤在中国传统文化中占有很重要的地位，是继龙、蛇之后或者与龙、蛇同时出现的图腾符号，不同时代的瓷器、陶器、服饰上都有凤的图案作为装饰，一直延续至今。古老的龙凤呈祥、龙飞凤舞都反映了东方独特的图腾文化，泽潞地区传承了这一蕴含民族特色的东方文化。潞绸图案中多以凤与牡丹组合而成“凤戏牡丹”，用于女方的嫁妆中，表达了新娘对婚后生活平安、富贵、吉祥、美满的期盼。

老虎也是泽潞地区人民常用的图案，出现在剪纸、刺绣、门神图、玩具等各种民间工艺品中。老虎图案的运用体现了对凶猛之物的自然崇拜，即认为老虎作为万兽之王能制伏各种邪恶之物，充满着象征意义。当地运用老虎的造型与宋代张天师五月端午骑艾虎出游的传说有关，最初是五月初五端阳节的时候用艾叶编成老虎，挂在门头，意为趋利避害，后来演变为用棉布或丝绸做老虎。由此，老虎的图案被普遍使用在泽潞地区民间手工艺作品中。潞绸织绣中的老虎题材，多用于婴童使用的物件，例如，老虎枕头、虎头帽、虎头鞋等都是普通百姓家庭的必备物品。在孩子出生之前，准备好老虎枕头；孩子满月的时候，要由外婆亲手缝制老虎玩具、老虎帽、虎头鞋以及斗篷，而且一般都用较好的丝绸做成。这些衣物表达了全家人对刚出生婴孩的祝福，希望孩子如小老虎般健康、茁壮成长。戴虎头帽、穿虎头鞋的习俗在各地都有流传，但又不尽相同，在泽潞地区，它们除了象征孩子健康强壮，也象征出嫁女儿的婚姻幸福如意。

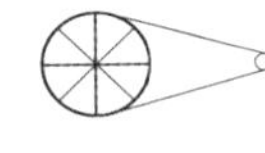

潞绸的图案主要体现了“福”“寿”“喜”的中国传统思想，而多子多孙便是人们眼中最大的“福”。因此，繁衍能力强的鱼也成为主要的图案题材。潞绸的鱼形图案主要是鱼莲娃娃和鱼戏莲，主要装饰在新娘的陪嫁品上，象征着新娘嫁入婆家，要承担起繁衍后代的重任。

四、泽潞民间的多层文化

自然界存在的万物为工匠们提供了创作的灵感，寻常的百姓生活则是创作的源泉。泽潞地区悠久的历史积淀，反映在多姿多彩的民间文化与民俗传统中。明清时期是中国传统文化发展的高峰期，宋明理学特别是明代心学影响了传统的审美观。这一时期被称为“中国古典美学的综合期[30]”，表现为对情感和个性的崇尚，审美呈现出生活化、世俗化的倾向。潞绸的主要产地泽潞地区是明代北方丝织业的中心，晋商的崛起又使之成为经济中心，此地受明清主流思想的影响极大。因此，潞绸的很多图案凸显了这种生活化、世俗化的特点，其中以戏曲艺术与婚嫁礼仪最为突出。

泽潞地区的戏曲艺术源远流长，以上党梆子最为著名。上党梆子形成于明代后期，一直为当地人民所喜爱。泽潞地区村村有戏台，有庙即有戏楼，每逢庙会、节日都要唱戏。在传统的农业时代，每年都要进行春祈秋报的戏曲演出，目的是祈求好的年景，得到好的收成。在潞绸兴盛的时期，家家户户养蚕织绸，在染织神生日的时候，村村都要邀请著名的戏班进行演出。年复一年，人们把不同剧目中的故事情节、人物场景等熟记于心，再通过自己亲手创作的剪纸、刺绣、面塑等手工艺作品将其展现，而潞绸也成为载体之一。传统剧目《二进宫》《张羽煮海》《黄鹤楼》《梁山伯与祝英台》《三娘教子》《白蛇传》《杨家将》等，都是民间手工艺人经常选用的题材。2003年在长治市（明代潞安府）挖掘出两幅枕顶（图3-23），墨书的内容表明了两幅丝绸产于明代潞安府绫房巷，图案的内容则源于上党戏曲《二进宫》，以白描的手法将戏曲的主要内容加以刻画，人物形象生动，场景客观鲜明。

以泽潞地区的高平市为例，当地婚俗礼仪有着鲜明的地方特点，对潞绸的图案有着深远的影响。新娘出嫁前在娘家准备嫁衣、绣花鞋、鞋垫、兜肚、粉扑、围裙、枕头等，一般都选用质量上乘的丝绸面料，亲手绣出各种象征喜庆、美好的图案。因此，在大量的民间藏品中可以看到凤戏牡丹、鱼戏莲、鱼莲娃娃、蝶恋花、蝴蝶扑金瓜等图案，都表达了新娘对未来生活的美好祝愿与企盼。

潞绸的图案与色彩艺术展现了泽潞地区人民丰富的精神世界，泽潞人民通过细密的针脚表达了藏于内心的愿望和对家庭和美幸福、生活平安如意的美好期盼。

第四章 潞绸文化圈的形成及人文意蕴

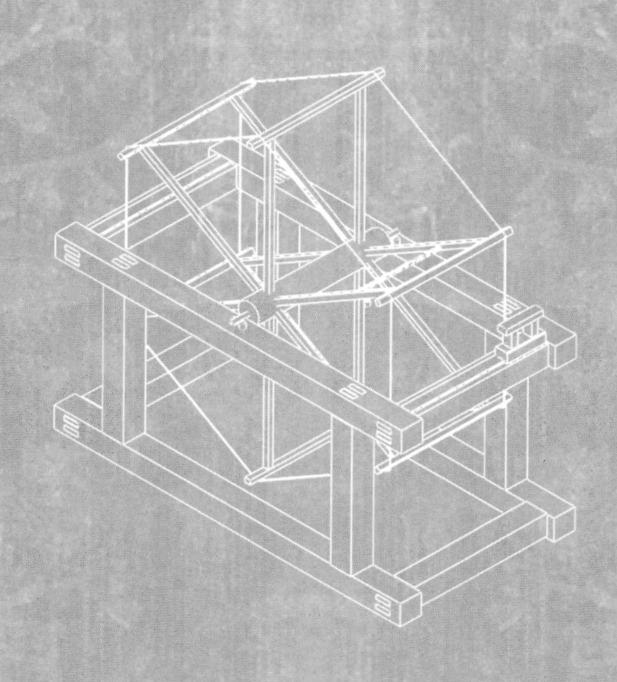

潞绸的产生、发展以及明清时期的辉煌，不仅是纺织技术发展的产物，也是社会、经济、文化等诸多因素共同作用的结果。山西位于黄河流域腹地，是人类文明的起源地之一，因此潞绸的产生和发展与黄河流域孕育的蚕桑文明密不可分；同时，山西悠久的农桑文明与养蚕织绸的历史也促进了丝织技术的提高。泽潞地区独特的地理、气候环境与良好的政治、经济、文化资源为潞绸的兴盛与传播提供了强有力的支持。潞绸的发展首先提高了当地的织造技术；其次，促进了当地丝织业、纺织业、染料业等行业的发展。同时，丝织品的商品化、市场化促进了潞绸的兴盛以及大范围的传播，形成了以长治、高平两地为核心的潞绸文化圈。

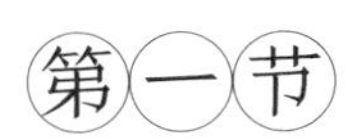

第一节 潞绸文化圈的形成与发展

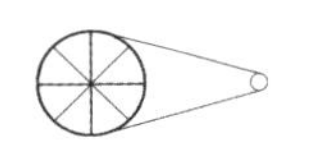

一、文化及文化圈

“文化”一词的含义源远流长，在古籍文献中有很多记载，但基本的意思是“文治”与“教化”。战国末年的《周易·贲卦·彖辞》中载：“贲，亨。柔来而文刚，故亨。分刚上而文柔，故小利有攸往，天文也；文明以止，人文也。观乎天文，以察时变；观乎人文，以化成天下。”其中已经包含了“以文教化”的思想，即文化的基本含义。西汉之后，“文化”一词频繁出现，《说苑·指武》云：“圣人之治天下也，先文德而后武力。凡武之兴，为不服也，文化不改，然后加诛。”南齐王融《曲水诗序》曰：“设神理以景俗，敷文化以柔远。”这些记载都将“文化”与“武功”相对，这与现代人类学者赋予文化的内涵有所区别。

1871年，英国人类学家泰勒对“文化”一词进行了明确的定义，即文化是一个复杂的整体，包括知识、信仰、艺术、道德、法律、风俗以及作为社会成员的个人通过学习而获得的其他任何能力和习惯。这一经典的定义囊括了人类活动的众多方面，但与目前多数人类学家所普遍认同的定义有所区别，即文化是一个特定社会中代代相传的一种共享的生活方式，这种生活方式包括技术、价值观念、信仰以及规范。文化的基本特点:第一,文化具有共享性,不是被某一个单一的个体、组织以及阶级所独享。第二,文化具有传承性,可以通过学习研究而代代相传。第三,文化不是单一的,而是各种因素融会整合的结果。第四,文化是以象征符号为基础的。我国学者庄孔韶在综合考察中西方的文化路径之后,提出了文化的定义,即文化是人们在生活中实践和传承的思维、行为和组织的方式及其产品,并且给出了文化体系的静态抽象模型,见表4-1[31]。

表 4-1 文化体系的静态抽象模型

客位结构（经验观察）			主位意识	
外显的结构体系	上层结构	意识形态（宗教、神话、科学、哲学、艺术及仪式）	本土内容	符号及意义体系
		世界体系（含国际体系和全球化进程）	本土认识	
	结构	政治组织形式（从村镇到国家,含司法和武装力量）	本土形式	
		社会组织形式（从家族到民族,含传承和制裁制度）	本土制度	
		经济生产方式（组织、分配和消费方式）	本土实践	
		人口再生产方式（婚姻、家庭和亲属关系）	本土习俗	
	基础结构	环境、技术、人口及三者互动关系	本土知识	
	自然生态和文化生态体系（含历史）			

（摘自《人类学通论》）

这一体系只是一个抽象的模型,而不是涵盖具体文化的清单。可知,文化的渗入与影响是细致而深入的, 对于寻常百姓所经历的平常生活而言,文化无处不在且不易被感知。

文化圈的形成建立在文化相融的基础之上, 可以说是文化的衍生物。这一概念最早由德国民族学家R. F. 格雷布纳在1911年提出,他认为文化圈是一个地理范围。而奥地利学者W. 施密特认为文化圈不仅是一个地理范围,还是一个可能分属不同的地理区位但拥有相同文化元素的范畴,如东亚文化圈、北美文化圈等;并且,文化圈的形成是相对独立且传承发展的,相对独立性是指每个文化圈都有其独特性,有与其他文化圈所不同的文化模式。文化圈自身是不会消失的,可以被不断地传承与发展。

文化人类学家引入文化圈理论,对于研究人类学、民族学以及文化的传播、传承等有很大价值,文化圈为这些研究提供了较广的时空范围。民族学家可以通过研究不同民族所具有的相通的文化特征,来研究并且探讨各民族形成、发展的历程与渊源。文化圈学说在二十世纪二三十年代形成较大的影响,其主要代表人物有德国的R. F. 格雷布纳、W. 科佩斯、海恩-格尔登、黑克尔,奥地利的W. 施密特等,合称为文化圈学派。

二、潞绸文化圈的概念

虽然文化圈学派的学说在其代表人物——黑克尔和海恩-格尔登去世之后再没有任何代表性人物,但是其理论为研究不同民族、不同种族、不同地区的多种文化等提供了基础。

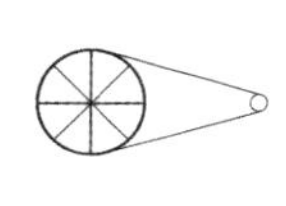

丝绸源于中国,通过丝绸之路被带到世界的各个角落,在传统的男耕女织时代,丝绸与人们的生活息息相关,丝绸文化的形成也源于此。产于山西东南部地区的潞绸,明清时期既是做工精美的皇室贡绸,又是被泽潞商帮、晋商行销海内外的商品。潞绸兴盛给山西东南部地区带来的影响是多方面的。女红文化研究的专家胡平在探讨中国女红文化时指出:“比如在江苏、浙江等江南地区,明清以来就汇集了一个庞大的‘蚕桑文化丛’。它囊括物质的、技术的、经济的、伦理的、语言文字的、信仰的、风俗的、艺术的各个方面,在时间和空间上也有足够宽广的维度,在文献、实物、活着的传统等方面有着丰富的资料[12]。”山西的东南部地区——潞绸的产地泽潞地区,因为在明清时期潞绸鼎盛而形成了具有浓郁地方特色的蚕桑文化丛,故将其定义为“潞绸文化圈”。潞绸文化圈从时间、空间的维度而言,都不是封闭的,从嫘祖教民育蚕开始,蚕桑文化就开始逐渐形成,明清潞绸技艺的广泛传播凸显并且提升了这一文化圈的价值,大量的历史文献、留存实物以及民俗民风表明,从古至今,丝绸一直与泽潞地区的社会、经济、生活等不可分割。也就是说,潞绸文化圈是以潞绸这一地方产品为主所形成的丝绸文化圈。从空间维度来讲,潞绸文化圈以长治、高平两地为圆心,辐射到整个山西东南部地区。从时间维度来讲,潞绸文化圈的形成始于蚕桑文明,根植于民间,并且延续至今。潞绸文化圈包括了泽潞地区独特的自然生态体系和文化生态体系,详见图4-1。

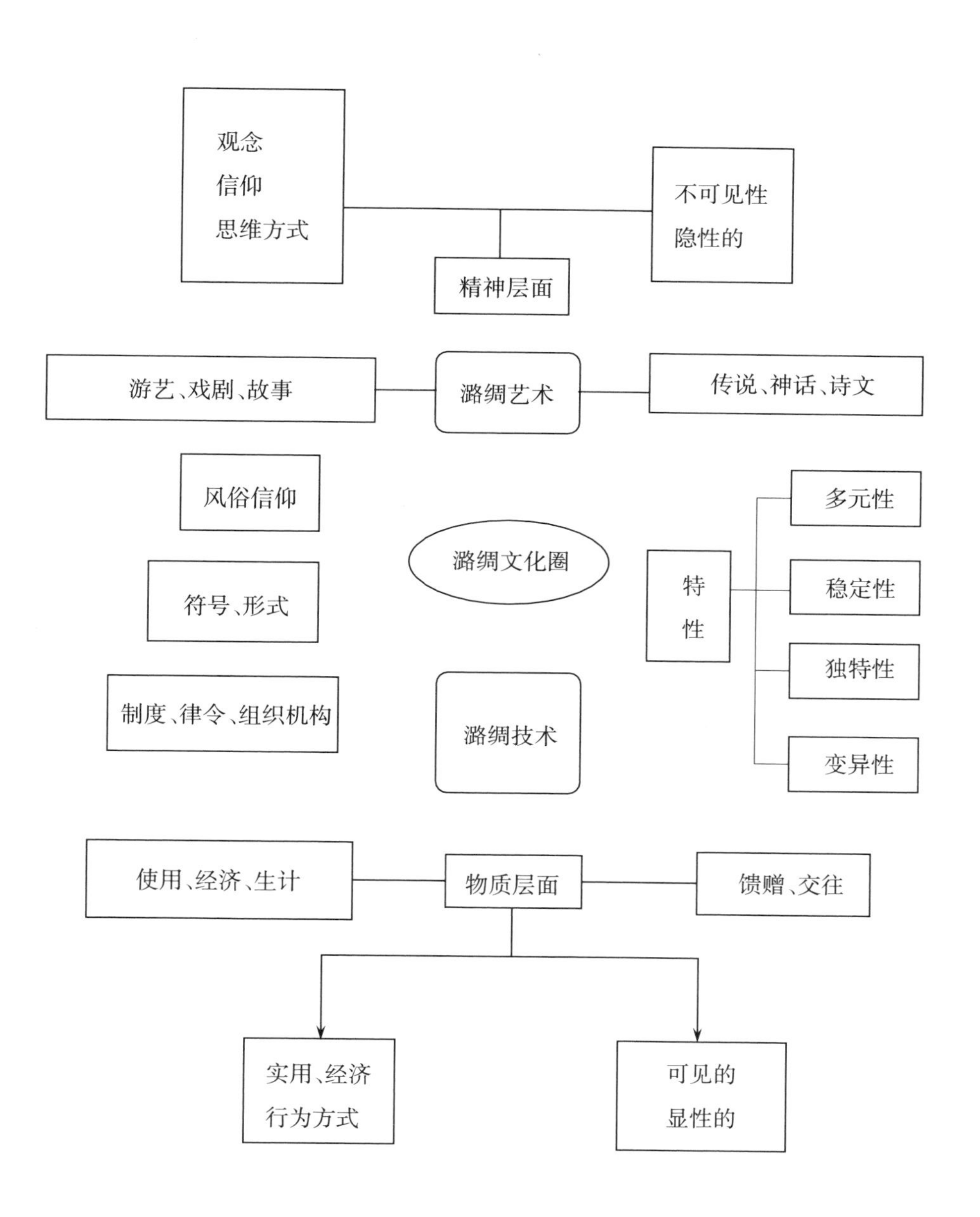

图 4-1　潞绸文化圈模型

潞绸文化圈是一个完整、有机的综合体，最终体现为潞绸的人文意蕴。潞绸文化圈是技术与艺术的融合，是精神与物质的统一，潞绸的生产、使用是该文化圈形成的基础。

三、潞绸文化圈形成的历史渊源

潞绸文化圈的形成不是偶然的，是社会、文化、经济、技术等多种因素共同作用并且良性互动的结果。究其历史渊源，则主要是山西悠久的蚕桑文明以及泽潞地区传统的蚕桑文化，二者为潞绸文化圈的形成提供了人文历史底蕴。

（一）潞绸文化圈形成的人文基础

1.远古的山西文明

山西悠久的历史文化是山西蚕桑文明的源头，我们的祖先早在旧石器时代就在这片土地上生活，迄今为止陆续发现的旧石器时代文化遗址有西侯度遗址、匼河遗址、丁村遗址、许家窑遗址、峙峪遗址、下川文化遗址。这几处具有代表性的旧石器时代遗址跨越了旧石器时代的早期、中期直到晚期，旧石器时代晚期细石器的使用，预示着新石器时代的来临，也充分证明了山西文明的久远。如图4–2所示。

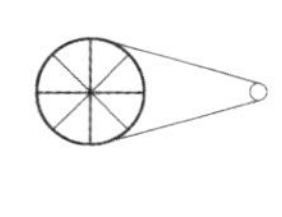

距今约一万年前，人类进入了新石器时代，与旧石器时代相比，其显著特征是由打制石器变为磨制石器。磨制石器的制作与使用、陶器的发明、玉器的制作，以及农业、畜牧业、手工业的产生，为纺织业的发展奠定了基础。山西分布着从仰韶文化到龙山文化的众多文化遗址，山西襄汾县大崮堆山大型石器制造场、山西襄汾县陶寺遗址和临汾下靳遗址等，充分说明了当时石器、玉器的加工有了相当大的规模。

从旧石器时代与新石器时代的文化遗址可以看出，山西有着丰富的早期人类活动痕迹，我们的祖先在山西这块黄河流域腹地创造了早期的人类文明。由此，山西也成为早期技术进步、文明传承的重要地区。同时，山西翼城枣园、垣曲古城东关、芮城东庄村、西王村仰韶遗址及襄汾县陶寺墓地等文化遗址中都有新石器时代纺织技术的遗存。

由此可以看出，纺织技艺是与传统文明相生相伴的，先民们在这里实

图 4-2　近年来山西发现的主要遗存分布图

现了从衣不蔽体到经纬交织。古老的山西文明孕育了丰富的纺织技艺，进而逐渐形成了具有浓郁地方特色的纺织文化。

2.悠久的纺织文化

中国是世界上栽桑养蚕织绸最早的国家，汉代开辟的丝绸之路将桑蚕、纺织技术逐渐传播到世界的各个角落。关于养蚕缫丝发明的传说众多，其中流传较为广泛的是黄帝的妻子西陵氏嫘祖发明了养蚕缫丝。黄帝活动的地域范围是：以中原（现河北、山东、河南、山西南部一带）为中心，并且以这一区域为基础辐射周边。这一区域形成了“嫘祖文化圈”，即“黄帝主要活动区域内的仰韶文化分布地区”。据研究，这一文化圈人工养蚕的主要考古学证据有：1983年，在河南荥阳城东青台村仰韶文化遗址的发掘中发现的已经炭化的用来包裹儿童尸体的丝织物，属仰韶文化秦王寨类型；1926年山西夏县西阴村仰韶文化遗址发掘中发现的半个经过人工割裂的茧壳，日本学者布朗顺目曾于1968年按照我国台北故宫博物院提供的照片进行了仿制复原，结论是：茧长1.52厘米、茧宽（幅）0.71厘米，茧壳割去的部分占全茧的17%，该仰韶文化遗址属庙底沟类型。此外，还有河北正定南杨庄仰韶文化遗址出土的陶蚕蛹、山西芮城西王村仰韶文化晚期遗址出土的蛹形陶饰、河南淅川下王岗遗址出土的陶蚕等。这些文化遗址的重大发现与文献中所记载的“嫘祖在西陵国始教民育蚕”一致，说明了在人类社会的早期，人工养蚕缫丝织绸技术已经在嫘祖文化圈所涉及的区域传播。

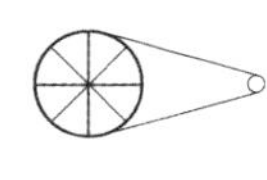

夏县西阴村出土的半个蚕茧、芮城西王村出土的蛹形陶饰、夏县东下冯文化遗址中发掘的茧形窑穴、襄汾陶寺龙山文化墓葬出土的缫丝工具“榱”等山西境内与蚕桑文明相关的文化遗址和文物都说明，山西的蚕桑文明与人类蚕桑文明的发展同步，并且特殊的地理位置使其成为栽桑养蚕织绸技术发展与传播的核心区域。

进入封建社会以来，随着社会礼仪制度的不断完备与等级制度的逐渐健全，丝绸日渐成为等级、地位的象征，丰富了中国古代社会的纺织文化。从秦汉到明清，山西境内发掘出土的大量纺织品以及壁画、文献都证明了山西丰富的蚕桑文明与纺织文化。平朔汉墓群发掘的西汉中期墓葬中，出土有残破丝织品；图4–3是山西省境内的墓葬，该墓属西周中期倗国墓葬。

图 4-3　山西境内发现的墓葬棺木现场(左图)及复原(右图)

其中的荒帷由红色的两幅丝织品横拼而成,上下有扉边,并且有精美的刺绣图案。这幅荒帷是目前我国考古发现的时代最早、保存最好、面积最大的墓内装饰物。魏晋南北朝时期,丝织手工业逐渐遍及山西全境,山西大同永固陵北魏文成帝拓跋濬之妻文明皇后陵墓与太原市北齐东安王娄睿墓,均有精美的丝织品残片出土。隋唐宋元时期的纺织品种类因纺织技术的进步而愈加丰富,北宋时期绘制的高平开化寺壁画反映了这一时期山西的纺织技术,元代薛景石所作的《梓人遗制》则清楚地记录了山西广为流行的纺织机械。山西宋墓出土的纺织品中,有一件印花罗,是镂空版仿白浆的夹缬染色制品,反映了当时山西印染工艺技术发展的新成就[32]。明清时期的山西,纺织业以潞绸的兴盛最为突出,潞绸除了用作皇室贡品,也成为支撑晋商发展的重要商品,至今,山西的南部、东南部地区都保留着传统纺织技术。

山西远古的人类文明以及悠久的蚕桑纺织文化成为潞绸文化圈形成与传承、明清时期晋商崛起及以潞绸为代表的丝织业鼎盛的宏观历史背景。

(二)潞绸文化圈形成的地域背景

山西早期的人类文明以及悠久的栽桑养蚕历史成为潞绸文化圈形成的历史背景，而泽潞地区独特的地理区位与传统蚕桑文明则是形成以长治、高平为中心的潞绸文化圈的人文支持。

1.泽潞地区地理区位与历史沿革

泽潞地区即今山西东南部地区,包括现在的长治、晋城两市及其所辖县(区),表4–2为明代泽州府、潞安府所辖县。泽潞地区同属太行山脉、上党地区,以山地丘陵为主,四季分明,这一地理区位为栽桑养蚕提供了自然条件,远古时代便是山西栽桑养蚕的主要区域,是丝织业发展以及潞绸文化圈形成的自然因素。

表 4–2　明代泽州府、潞安府所辖县

府名	所辖县	府名	所辖县
泽州府	泽州	潞安府	潞州
			长子县
	沁水县		屯留县
	高平县		襄垣县
	陵川县		潞城县
	阳城县		黎城县
			壶关县

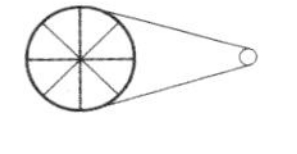

泽潞地区的历史沿革决定了这一区域历来是重要的政治、经济、文化、社会活动中心,为潞绸文化圈的形成提供了地域支持。秦始皇三十六年(前211年)分天下为三十六郡,其中的上党、河东两郡位于山西境内,由表4–3可以看出,泽潞地区属于上党郡[13]。

表 4–3　泽州府历史沿革

朝代	隶属	郡国	州县
周	并	晋	
		韩	上党、端氏
		赵	上党、长平、端氏
秦		上党郡	濩泽、端氏
		河东郡	高都、泫氏
汉	司隶	河东郡	濩泽、端氏
		河内郡	沁水
	并州	上党郡	泫氏、高都

续表

朝代	隶属	郡国	州县
后汉	司隶	河内郡	沁水
		河东郡	濩泽、端氏
	并州	上党郡	泫氏、高都
魏	司州	平阳郡	
		河内郡	
	并州	上党郡	
晋	司州	平阳郡	端氏、濩泽
		河内郡	沁水
		上党郡	泫氏、高都
北魏	建州	高都郡	高都、阳阿
		长平郡	高平、元氏
		安平郡	端氏、濩泽
		泰宁郡	东永安、西河、新濩泽、高延
北齐	建州	长平郡	
		高都郡	
		安平郡	
后周	建州	高平郡	
		安平郡	
隋	冀州	长平郡	丹川、沁水、端氏、濩泽、高平、陵川
唐	河东道	泽州	晋城、端氏、陵川、阳城、沁水、高平
五代		泽州	
宋	河东路	泽州	晋城、高平、阳城、端氏、陵川、沁水
金	河东南路	泽州	晋城、端氏、陵川、阳城、高平、沁水
元	河东山西道肃政廉访司	泽州	晋城、高平、阳城、沁水、陵川
明	山西布政司	泽州	高平、阳城、陵川、沁水
清	山西布政司	泽州府	凤台、高平、阳城、陵川、沁水

从表4-3看出，泽潞地区历来是山西主要的行政区划，政治上的重要性,决定了其经济的发展程度。商品的交换与流通使泽潞地区成为重要的经济中心,是潞绸文化圈形成的经济基础。

2.传统蚕桑业的发展

明清两代的农桑政策促进了传统丝织业的发展,传统蚕桑产业的发展促进了潞绸产业的发展,使得潞绸的发展进入鼎盛时期。以潞绸为代表的泽潞地区丝织业的蓬勃发展促进了经济的繁荣,最终促成了潞绸文化圈的形成,并且使之不断完善。大量的地方文献中记载了这一时期蚕桑发展的盛况,主要从物产、货属、土贡等几个方面加以说明。

泽潞地区因其良好的自然地理环境,历来是桑树栽培的主要区域,《山西通志》中有“木属:桑、柘,太原、平阳、汾、沁、辽、潞、泽境内俱出,惟高平县有万株桑[33]”的记载。

《乾隆高平县志》中记载:“木之属,楸、桑、杨、椿。旧志按:邑水深土厚……余同他邑者不载。”同时,传统草木染中所需的植物也有栽培,在文献中也有记载。

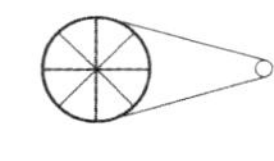

《山西通志》中有“色属:蓝,今霍州尤美。红花,以上太原、平阳、汾、潞、泽俱出。紫草,潞州出”的记载。

清代《乾隆高平县志》中有“草之属,润草、紫蝴蝶、剪红罗、绣墩草、木槿、水红、菊、芍药。旧志按:邑素无奇花,兹特标数种,以备亲览”的记载。

从《山西通志》可以看出明代潞州府桑树种植量以及丝产量的基本情况(表4-4),从洪武二十四年(1391年)到成化八年(1472年),潞州府所属县的桑树种植量以及丝产量基本保持了稳定,这为当地丝织业的发展提供了稳定的原材料。

对以上的文献史料分析得出,明清时期泽潞地区栽培的桑树达到了一定的数量,为丝织业的发展提供了充足的原料;色彩丰富的染料植物的栽培,说明当地染织业兴旺。这些都为丝绸业的发展提供了直接支撑,所以,这一时期文献所记载的物产、土贡等条目中丝绸较为突出。

明代《山西通志》中有“帛属,绫,太原、平阳二府,潞泽俱出。帕,平阳、潞泽俱出,高平米山尤佳。绸,潞、泽州俱出”的记载。清代《潞安府志》中也

表 4-4　潞州桑树种植量、丝产量情况简表

县名	桑树种植量、丝产量					
	洪武二十四年(1391 年)		永乐十年(1412 年)		成化八年(1472 年)	
	桑树/株	丝	桑树/株	丝	桑树/株	丝
本州					5841	
壶关县	24187	85 斤 2 两 9 钱 5 分	24187	85 斤 2 两 9 钱 5 分	24187	85 斤 2 两 9 钱 5 分
长子县	17748	64 斤 3 钱 5 分	17748	164 斤 3 钱 5 分	17748	65 斤 12 两 1 钱
屯留县	8476	29 斤 6 两 9 钱	8476	29 斤 6 两 9 钱	8476	29 斤 6 两 9 钱
潞城县	3639	13 斤 8 钱	3639	13 斤 8 钱	3647	13 斤 2 两 4 钱
襄垣县	10212	34 斤 15 两 2 钱	10212	34 斤 15 两 2 钱	10212	34 斤 15 两 8 钱
黎城县	20252	106 斤 8 两 8 钱 5 分			20312	107 斤 13 两 8 钱
陵川县					77147	483 斤 1 钱
阳城县	28343	187 斤 3 两 4 钱	28343	187 斤 3 两 4 钱	28343	187 斤 3 两 4 钱
沁水县	35773	225 斤 14 两 6 钱	35773	225 斤 14 两 6 钱	35773	226 斤 7 两 2 钱

有“货属，绸、布(不产木棉织，亦少，间有，亦粗恶)、丝(近桑蚕渐发出无，岁潞绸所贡来自远方川浙之地)、麻、靛、矾(红白二色)、油、花椒、苇席、荻廉。贡篚，潞之产绸机杼出于本地，丝线多购之他方，查明季长治、高平、潞州衙三处共有绸机一万三千余张，十年一派造，绸四千九百七十匹，分为三运九年解完……造完各差官解部交纳”的记载。潞绸文化圈的另一个核心地区长治县，也有大量的文献记载，《乾隆长治县志》中有“潞绸，筐篚之贡详诸尚书，土之所产献之于上分也，但潞绸机杼出于本地，丝线则购之他方，乃造供。黄绸也，其昉于何时，凡几增减，已不可考其详矣”，“浙江等九省织造物有沙罗绢纻，而山西岁派只有绫、绢各五百匹，闰月共加八十六匹，而并

无所谓山西潞绸者，卷查万历三年坐派山西黄绸二千八百四十匹[34]”的记载。根据清代《高平县志》和明代《山西通志》中“潞安府，绸，明万历中，诏潞安进绸二千四百匹”的记载，可以看出，这几处记载的黄绸均为潞绸。

（三）潞绸文化圈形成的技术动因

潞绸是明清两代重要的贡品，其产地泽潞地区为明代四大丝织业中心之一，其纺织技术的核心——织机，既具有中国传统织机的特点，又具有浓郁的北方特色。潞绸的织机具有机型多样、线条粗犷、结构形象等特点。

在男耕女织的农耕时代，纺织不仅是维系家庭生活的必备技能，也是传统文化不可或缺的组成部分。因此，纺织既是文化艺术的高度结晶，也是传统技艺的集中体现。明清泽潞地区丝织业的发展促进了技术与艺术的融合，折射出技术与艺术的糅合之美，体现了技术与社会的良性互动。纺织技术与社会的良性互动是潞绸文化圈形成的技术动因。

第一，丝织技术进步所体现的人文价值。技术是负载价值的实践过程。美国著名技术哲学家米切姆（Carl Mitcham，1941—）认为，技术是由作为对象的技术、作为知识的技术、作为活动的技术和作为意志的技术所互动组成的。也就是说，技术不是单一的过程，而是多种因素相互渗透的结果，包括设计、工具、理论、意愿和倾向等。从先秦到明清，中国传统文化一直在探索人与物的关系，构建人与物的和谐之美。人类从衣不蔽体到简单编织，再到穿着舒适、华丽，反映了人们在满足基本的衣着需求后对美的需求。这种需求的变化，在纺织技术中是通过织机来实现的。一方面，工匠以实际需要为基本出发点，根据预设的丝织品来设计制造织机；另一方面，不断提高的需求对技术的要求越来越高。在这样一个不断循环的过程中，形成了技术的进步。这种逻辑关系，体现了中国传统文化“天人合一”的和谐之美，即人第一，器第二，以人为主体，根据人的需求设计、制造物。泽潞地区历来是富庶之地，特别是明清时期潞绸的发展，带动了地方经济、文化的大发展。因此，各种文化、思想也在此交融。当地有青莲寺、定林寺、开化寺、珏山、宫观阁、历山、玉皇庙等佛道遗址，也有大量民间文化艺术的载体——戏台的遗址，可以说，无村不庙，无庙不台。这些都渗入普通百姓的生活，影响着技术的变迁。

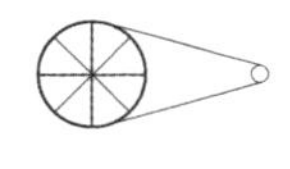

第二，丝织技术进步所体现的对自然的崇尚。美是什么？可以有不同的回答与表述。在中国传统文化中，朴素、简单是最基本的自然美。人类对美的追求有不同的表现形式，诗歌、绘画、雕刻、纺织品等都是美的载体，承载着人类对美的认识与追求。明清泽潞地区丝织业兴盛，丝织品代表了人们的审美观念，突出了当地人对简单、朴素的自然之美的崇尚。这种审美观念通过丝织品的图案加以表现，比如牡丹象征富贵，石榴寓意多子多福，梅花象征坚忍不拔，并且这些图案成双出现，表现了传统的对称美。简单的纹路，展现了明清时期当地朴素的民风。这种对自然美的追求，通过提花机加以实现，并且世代相传。

第三，丝织技术进步所体现的人类智慧。织机在中国传统农耕文化中占有极其重要的地位，工匠与织工一起设计、制造了不同的织机。传统木织机似乎略显简陋，但从使用者的角度看却既简约又实用。没有过多的修饰，只是传统材料——木头的简单组合。看似简单，却浓缩了古人的智慧。元代山西万荣人薛景石就在其《梓人遗制》中记载了这种智慧，其中不乏对泽潞地区工匠技术思维之美的描述。织机的材质源于自然，选用了最适合的材料——木头；织机的设计体现了灵动之美。筘、鸦儿木的上下起伏，如同流动的音符，充满节奏与韵律。织机立身子部分线条流畅，体现了灵动之美。这些设计都源于工匠对生活、对自然之美的认识。同时，这种灵动之美也是理性思维的体现。工匠依据力学原理，结合人体舒适度，对坐板、踏板、筘等不同配件的大小、尺度、比例及相互关系等做出科学的设计，使织机既美观又便于操作。

明清泽潞地区的丝织技艺达到了顶峰，潞绸不仅是重要的皇室贡品，还是支撑晋商发展的主要商品。泽潞地区丝织技术的进步不是自然产生的，而是政治、经济、文化与社会等诸多因素共同作用的结果。从作为贡品以及作为晋商主要商品的丝织品来看，泽潞地区丝织技术的进步，曾经是地方经济发展的原动力，同时也衍生出特色浓郁的地方文化。因此，丝织品品种的多样化以及技术的进步趋势，在一定程度上代表了该地区社会与经济的发展趋势。正如R. 韦斯特鲁姆指出的，“我们的社会结构与我们拥有的各种技术有关，我们的体制——我们的习惯、价值、组织、思想的风俗——

都是强有力的力量,它们以独特的方式塑造了我们的技术[35]”。

可以说,泽潞地区明清时期丝织技术的进步与社会、人文等的良性互动成为潞绸文化圈形成与发展的技术动因。

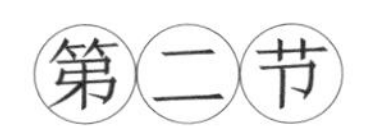

第二节 潞绸文化圈的人文意蕴

如图4–1所示,潞绸文化圈是通过一定的符号与形式表征的,即日常生活中的风俗习惯,特定的律令、制度,以及一定的组织机构,等等。潞绸文化圈包含了物质与精神两个层面。物质层面上,潞绸首先是维持生计的手段和方法,是经济发展的支撑体;同时,潞绸也是日常生活中所使用的物品,被作为馈赠的物品和人际交往的手段。在这个层面上,潞绸文化圈是可见的、显性的。潞绸文化圈的精神层面是以潞绸为代表的丝绸艺术,包括了故事、神话、传说、文学作品等,由此表明了潞绸文化圈的理念、信仰与思维方式是隐性的、不可见的。

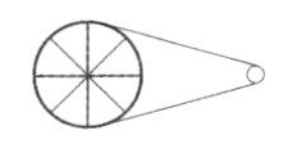

探讨潞绸文化圈的人文意蕴,是将技术上升到艺术,探究其精神层面的表现形式。

一、家庭:潞绸文化圈形成的第一场所

潞绸文化圈形成的主体是女性,女性在家庭中的角色、地位以及作用与传统中国家庭所具备的特点密不可分。传统的社会,家庭是构成社会最基本的单元,每一个人的思维方式、知识体系、价值观念等都首先受到家庭的影响,因此家庭也成为中国传统文化形成、交融、渗透的第一场所。中国传统式家庭倡导“男主外,女主内”的家庭模式,家庭的经济收入依靠男性,女性操持家务,负责家庭的生活琐事。男性有商议、决策家庭乃至家族大事的权利,而女性几乎没有发言权。可以说,女性在嫁入夫家之后围绕长辈、丈夫、孩子而生活。同时,传统的家庭是四世同堂甚至五世同堂的大家庭,每一位女性都要与家庭内部成员交往与相处,特别是要处理好与婆婆、妯

娌之间的关系，这种女性之间所建立的微妙关系是构成传统家庭关系的基础，而在传统家庭中，女性从事纺绩有助于家庭关系的建立和维护。

家庭成为潞绸文化圈形成的第一场所基于以下两个方面的原因：一方面，以潞绸为主的丝织物最初是只满足本家庭生活的需求，即维持生计。在丝织业发达的明清两代，泽潞地区丝织业的生产仍然在传统的家庭手工作坊，即以家庭为基本单位进行织、绣、染。家庭手工作坊的生产经营是为了谋求更大的经济利益以维持家庭生活。从当地遗留的古建筑物来看，当时的建筑一般均为两层设计，养蚕织绸刺绣等纺绩都由女性在楼上完成。在一些贫困的家庭中，女性还不得不为了增加收入维持生计而从事纺绩。另一方面，织绣是古代社会女性修身养性所必须掌握的一项技能。中国传统文化赋予女性细腻、大方、端庄的东方特色，这些特点成为社会评判女性的标准。传统的富裕家庭将纺绩作为培养女子这些特点的手段，传统的织绣潜移默化地影响了女性特质的形成。因此，家庭自然成为潞绸文化圈形成的第一场所。

二、风俗信仰：潞绸文化圈的具体表征

风俗，是各地人民在长期的日常生活中形成的生活方式和习惯。各地方文献资料中均会记载当地不同的风俗，地方风俗也成为地方治理需考虑的因素。融入日常生活的风俗习惯是潞绸文化圈的具体表征，包括了礼仪文化、染织信仰与崇拜。

（一）生活礼仪：潞绸文化圈的载体

潞绸已渗入当地人民生活的每一个细节，是不同阶级、地位的女性与他人交往的媒介，她们通过丝绸这一媒介表达了不同的情感。女性所表达的情感与女性一生的角色密不可分。

1.潞绸与女性社交

泽潞地区是传统的农业社会，男耕女织是最基本的社会分工，织绣伴随着女性的一生，是女性与亲人、朋友、街坊邻居等交往的重要方式。泽潞地区的女性自古善纺绩、善织绣，潞绸不仅成为女性维持生计的手段，也是女性社会交往的重要媒介，她们通过亲手纺、织、绣的织物传递自己淳朴的感情。

古时，婚嫁的年龄都较小，男子十七八岁、女子十五六岁就完婚。在出嫁之前，女性多是"大门不出，二门不迈"的。婚姻多是"父母之命，媒妁之言"，媒妁负责沟通双方父母。女子出嫁前，就在自己家中织布、刺绣，多是准备自己的嫁妆，如嫁衣、龙凤绣鞋、绣花鞋垫、粉扑、围裙角、枕顶等。男方来提亲时，就将缝制好的衣物拿出来，男方家人根据这些织物来评价女子的技艺，并且以此作为衡量女子是否心灵手巧的标准，这也是女性第一次重要的社会交往。

女子出嫁后，角色发生了重要的转变，开始独立操持家务，为了维持大家庭的和谐就需要与夫家其他成员交往，如婆婆、小姑、妯娌等。给婆婆织头帕、手帕，妯娌之间互相赠送孩子用的虎头鞋、儿童帽等，这些看似简单而又图案丰富的小礼物成为女性交流感情的媒介，表达了女性对家庭、对家人、对生活的深厚情感（图4–4至图4–7分别为钱包、粉扑、绣花鞋、针线包）。目前，这些生活礼仪在高平的一些地方依然存在。

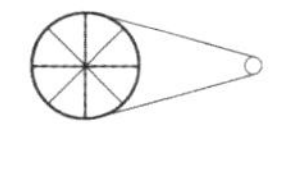

图 4–4　钱包

图 4-5 粉扑

图 4-6 绣花鞋

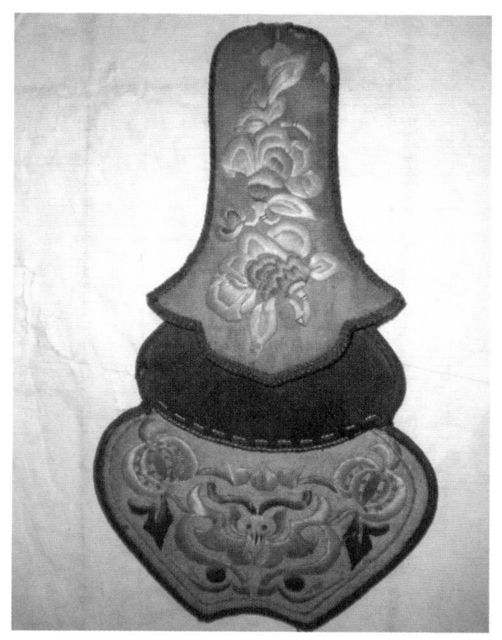

图 4-7 针线包

在泽潞农村，织绣的场所不只是在自己的家里，街头巷尾、田间地头都是女性织绣的场所，三五成群的女性围坐在一起，一边论家长里短，一边忙着手中的活，并且互相交流、互相请教，这种场景在过去很容易看到。

2.潞绸与婚俗

婚嫁是每个家庭中的大事，泽潞地区的娶亲一般包括以下几个步骤：①合婚。即交换男女青年的生辰八字，按照迷信的方法来判断婚姻是否合适。②订婚。将双方的生辰八字写在红纸上并交换，男方送给女方家一定数目的银子和首饰等，女方以少量首饰、食品等作为回赠。这一环节表示将这桩婚姻确定下来。女方家长会将女子平时织绣的衣物以及鞋垫、荷包等拿出来给男方家长看，以示女儿心灵手巧，而男方会送给女方母亲头帕当作礼物。③纳聘。定妥结婚日期后，媒人带着男方家人把首饰、衣服、钱财等送给女方。富裕人家准备的礼厚重一些，衣服全部用丝绸做成，这时的丝绸成为富贵的象征，往往表明了男方家的富裕程度。女方家的亲戚、街坊邻居会在纳聘这一天到女方家里看聘礼的多少。④迎娶。这一天早晨，女子早晨起床梳妆打扮，将结婚的衣服穿好，所穿的一般都是绣有凤穿牡丹的红色丝质服装，而后等待新郎的迎娶。新郎带花轿到女方家，富贵人家的花轿是红色的绸缎轿，贫困人家的花轿用红布装饰。结婚时的衣服和被褥、花轿的质地与图案等都在一定程度上代表了家庭的社会地位与富足程度。当年还有新娘坐“多子床”的习俗，闹洞房之后将核桃、枣、花生、蚕种撒在床上，寓意早生贵子、人丁兴旺。图4-8是清代潞绸大红旗袍，为女子结婚时所用，以满地印花、绣花等作为装饰，襟边、领边、袖边均采用了镶、滚、绣等工艺。潞绸大红绣花旗袍是泽潞地区婚礼的象征，流传至今，这从另一个侧面反映出当地婚嫁的风俗习惯。图4-9是潞绸织锦被面，曾是必需的陪嫁品，在20世纪80年代成为畅销南北的商品。

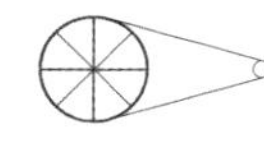

3.潞绸与小孩出生

女性在为人妻后，承担了家族传宗接代的重任。从怀孕开始，双方父母、亲戚就开始织绣小孩的被褥、衣物、鞋帽等，丝绸的细腻结合精美的图案，传达了父母、亲人对孩子的美好祝愿，尤其是婴孩的姥姥，在孩子满月时，要送上亲手缝制的布老虎、老虎帽、老虎鞋、老虎斗篷等，这既是对孩子

图 4-8 清代潞绸大红旗袍

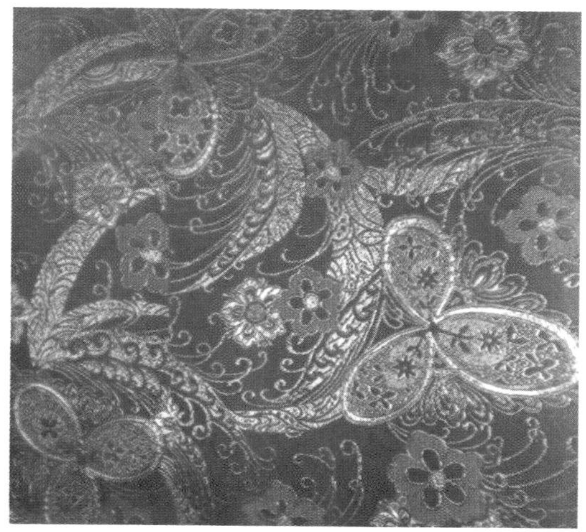

图 4-9 潞绸织锦被面

健康成长的祝愿，也是对女儿婚姻美满的祝福。孩子成长过程中所穿的衣物都是母亲织绣的，“孩子的衣，母亲的脸”，从孩子的穿着就可以看出母亲的织绣技艺。如图4-10、图4-11所示。

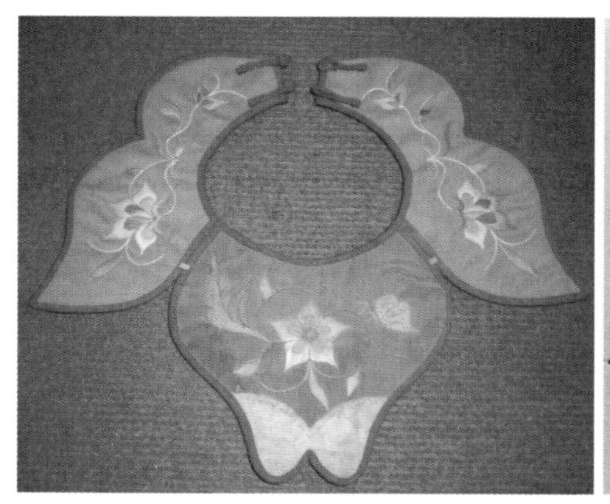

图 4-10　儿童围嘴

图 4-11　儿童帽子

（晋城乔欣　提供）

4.潞绸与丧事

潞绸同样是逝者的主要衣物以及陪葬品，明定陵出土的潞绸就是一个很好的例证。泽潞地区，质地最好的绸缎是用来做寿衣的，表明了对劳碌一生长辈的尊重。寿衣一般以寿字纹居多，再配以团花、寿桃等图案。下葬的时候，棺材上有褡裢（图4-12），书写“福如东海长流水，寿比南山不老松”。这些都表达了人们对生命的敬畏。

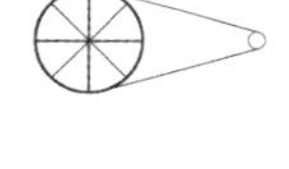

图 4-12　褡裢

（二）染织信仰与崇拜：潞绸文化圈的依托

染织信仰与崇拜是人们长期从事染织所形成的共同信念，是对染织业群体文化身份的认同。古代社会，科学技术不甚发达，人类无法解释存在的很多自然现象，因此有了“神”的概念，染织业对蚕神、染神、机神的信仰与崇拜就是这种情感的表达。泽潞地区作为蚕桑文明的源头之一，染织不仅是为了满足自身的衣着需要，也是谋生的手段。行业不同，崇拜的神也不同，人们总是期望神灵保佑生产顺利、生意兴隆。

1.嫘祖崇拜

丝织业流传最广的是蚕神崇拜，蚕神的名目繁多，包括嫘祖（图4–13）、蚕花五圣、马头娘（图4–14）等。在丝织业较为发达的浙江省杭嘉湖地区，以马头娘最负盛名。潞绸文化圈内绝大部分区域把嫘祖尊为唯一的蚕神，供奉蚕神不单独设庙宇，一般在庙中设专门的殿祭祀。根据实地调研，蚕神殿设在炎帝庙、祖师庙、三皇庙、二仙庙等庙宇中，在养蚕织绸的区域村村都有（图4–15、图4–16）。晋城的玉皇庙（图4–17）位于晋城市区东北的府城村，始建于北宋熙宁九年（1076年），属道教庙宇，共有300余尊彩雕，元代的二十八宿雕像自成体系，最为独特。玉皇庙中专设有蚕神殿供奉嫘祖，“上古时代，人们没有衣服穿，夏天披树叶，冬天披兽皮。轩辕皇（黄）帝的妻子西陵氏嫘祖发明了养蚕、抽丝、织布，从此人们有衣服穿了。因她对人们功劳大故而（被）奉为蚕神”。在丝织业作为支柱产业的村庄，多个庙中都供奉蚕神，人们一般在开始养蚕和蚕结茧后敬供，以祈求蚕事的丰收。

有的地区会同时供奉嫘祖、桑神、马头娘三尊蚕神塑像，其中桑神为当地传说的地桑女神，民女装扮，手执一枝桑枝。嫘祖的装扮最为尊贵，头戴凤冠，身穿霞帔，手拿五彩丝线。马头娘的装扮为蚕头女身，神情严肃，令人敬畏。

最隆重的敬神仪式在嫘祖的生日农历三月初三举行，每个村庄都有赶庙会、唱蚕戏的习俗，其目的是感谢蚕神的保佑并为来年的蚕事祈福。这一天，来自四面八方的村民争着烧第一炉香。庙会期间，市场上还进行茧丝绸缎、蚕种桑苗等交易。明代的《潞安府志》中记载了明代潞安府一带有立春、元旦、社日、中秋等28个节日。其中有元宵节，即“上元节”，当地的风俗是

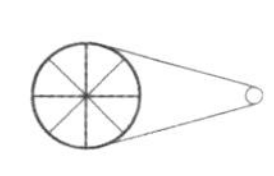

图 4-13　嫘祖

图 4-14　马头娘

图 4-15　高平桥北炎帝庙蚕姑殿

图 4-16　三蚕圣姑尊神之位

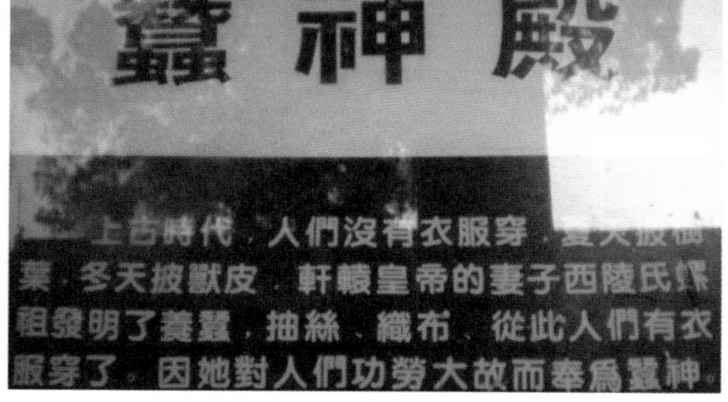

图 4-17　晋城市府城村玉皇庙(上图)及其中的蚕神殿(下图)

“蒸面茧以祀蚕姑，作粘穗以祀谷神，其元宵灯火与海内同”。可以看出，当时除每年三月三的敬神仪式之外，传统的上元节也是一个主要的祭祀节日。

除了在寺庙里供奉蚕神，普通人家里也会供奉嫘祖，在养蚕的每一个阶段都要在家里敬供，敬供的主要有祭蚕神、谢蚕神、留蚕神等。

2.机神崇拜

蚕神崇拜，即敬奉嫘祖，是泽潞文化圈较为普遍的信仰。除此之外，在从事丝织的村庄里，还有机神崇拜。高平市的伯方、市望、南王庄、王降、冯庄、南沟、桥北等村，一般将机神塑像设在庙宇里，只有伯方一处设有专门的机神庙（如图4–18所示）。有碑文记载：“伯方村坎位有仙翁大庙一区，固一村之主庙也……庙左以东北有两路相冲，势无凝御；东有土岗似环，形欠高耸。俗维耕田，业屦而已……继而又创建机神庙三间，以补腰空之

伯方机神庙遗迹

祖师庙碑（局部）

图 4–18　伯方机神庙遗迹及祖师庙碑（局部）

缺，不数年间，业屦泯迹，机张渐增，是知兴衰祸福固有可移之理，古人所以必先人事而后言命也，孰谓建补之功为无益哉。”从这段碑文可以看出，伯方村专门创建了机神庙，但碑文中没有记载机神指谁。庙毁坏严重，因此至今无法得知机神的详细内容。

3.染神崇拜

丝织业的兴盛带动了印染业的发展，特别是在潞绸的主要产地高平县（今高平市），几乎村村有染坊，而且有行业崇拜的染布缸神。我国传统染布缸神为梅、葛二圣（如图4–19所示），大部分地区是在每年的九月九日祭祀。根据当地老艺人讲述，染神主要供奉的是葛仙公。葛仙公的生日是阴历的六月十九日，这天一般是在家中供奉，即在家中放置牌位；如果家中没有，

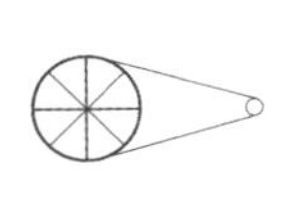

图4–19　梅、葛二圣染布缸神

就到三清殿供奉，按照当地风俗是敬供一盘肉，然后上香。

三、文学戏曲：潞绸文化圈的艺术承载

文学戏曲是文化最直观的表现形式，是基于地方民间的传统、风俗、习惯等形成的，反映了一个地域的社会全貌。泽潞地区技术的发展带来社会经济的繁荣，进而促进了文学艺术的多样化。

（一）地方文学作品与丝绸文化

文学作品是生活的艺术再现，明清时期的文学作品有很多与丝绸有关，并将民间的俗文化与上层的雅文化相连接。唐代诗人李贺在泽潞地区居住三年，多数诗词在此创作。李贺未成年即丧父，家境贫困。为衣食所迫，他的弟弟不得不外出谋生。他也在回乡的第二年（814年）秋，前往潞州（今山西省长治县）投奔友人张彻。张彻是韩愈的侄婿，那时刚刚就职于昭义节度使幕府。李贺沿途写了《长平箭头歌》等作品，他在潞州寄食三年，无所获而归，不久死于家中，卒年二十七岁。李贺在当地有影响力的作品有《残丝曲》和《染丝上春机》。

残丝曲

垂杨叶老莺哺儿，残丝欲断黄蜂归。
绿鬓年少金钗客，缥粉壶中沉琥珀。
花台欲暮春辞去，落花起作回风舞。
榆荚相催不知数，沈郎青钱夹城路。

染丝上春机

玉罂汲水桐花井，蒨丝沈水如云影。
美人懒态燕脂愁，春梭抛掷鸣高楼。
彩线结茸背复叠，白袷玉郎寄桃叶。
为君挑鸾作腰绶，愿君处处宜春酒。

此外，一些当地诗人也创作了以蚕桑纺织为题材的诗词。高平当地诗

人张立本，著有《爱日堂初稿》《听松草》《趋庭诗稿》等诗集，写有《饲蚕词》。

饲蚕词

春风和暖春昼长，山村少妇携懿筐。
两两三三同结伴，南陌东阡来采桑。
桑叶青青初过雨，树底鸣鸠拂其羽。
纤纤十指攀长条，不用山家运斤斧。
轻裙日暮归来时，满簸春蚕正忍饥。
把叶饲蚕蚕食响，一似翠竹风摇之。
白头老姥前致词，如此勤苦妇不辞。
少妇开言答老姥，但愿成茧缫新丝。
老姥笑嗤妇不慧，到得丝成完关税。
不见朱门高甲第，未解饲蚕多帛币。

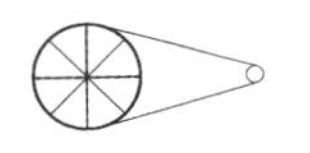

祁汝蒑（1747—1819年），字晖吉，号龙山，嘉庆庚申恩科举人，中书科中书。性嗜学，老而愈笃，周览四部，漏下三鼓，手不释卷，著有《带经山房草》，写有《织棉曲》：“窗外秋月明，思妇当窗织。织就双鸳鸯，篱根虫唧唧。”

直到现代，蚕桑也是文学艺术的重要题材。《养蚕姑娘的心灵》和《春花女和青山郎》都以蚕桑为题材，展现了当地蚕桑生产的场景，反映了当地人民期待蚕桑生产带来经济收益的美好愿望。《养蚕姑娘的心灵》：“小小的蚕，可亲可盼。姑娘的希望，姑娘的伙伴。它从黑丝丝的蚁体，换上白生生的云衫。一令令地长，一天天地变。美的理想，富的期盼；要带领大家伙，在养蚕技术上高攀。利洒洒的寿，汗滋滋的脸。白天采桑，赤日炎炎在桑园；夜喂蚕儿，蟋蟀琴声书作伴。姑娘的理想，姑娘的心愿，蚕儿能理解。都愿快快地长，结出优质高产茧。姑娘仿佛听见，笑得脸红眉弯。”《春花女和青山郎》：“小河弯又长，两岸绿又芳。一座同心桥，连通东西庄。东庄春花女，西村青山郎。隔岸两相望，见面笑语响。青山爱科技，种田是内行。春花喜蚕桑，人称蚕姑娘。勤快有理想，同生在河旁。一对好名字，常上光荣榜。粮蚕双丰收，红花戴胸上。富在深山里，乐在小河旁。养蚕是能手，种田状元郎。同享农家乐，共梦夜来香。情在小河边，志在创业上。你种基地桑，我建养蚕场。你引优质苗，我推良种方。发展蚕和桑，技术服务忙。公司加农户，优质高产量。”

(二)地方戏曲与丝绸文化

泽潞文化圈的民间艺术繁荣，各地盛行的秧歌就是一种集中的表现形式。因此，秧歌也是潞绸文化圈重要的艺术载体。秧歌的盛行与潞绸产业的发展紧密相关。首先，清代泽潞地区秧歌的盛行与明清两代丝织业发展相伴。高平秧歌起源于高平东南乡，广泛流行于清代泽州府所属高平、晋城、阳城、陵川、沁水五县。1982年，在山西省戏曲剧种讨论会上，因其主要流行分布于泽州地区，故定名为“泽州秧歌”，共有300多个传统剧目。高平秧歌的出现最晚应该在道光年间(1821—1850年)，其形成与民间歌舞、曲艺的发展有着深厚的渊源。民间秧歌舞一般是舞者手持扇子、手帕、红灯笼、彩绸等道具而舞。后来，人们利用秧歌舞，或唱故事，或与其他技艺等相结合发展成当地秧歌。每年正月间举办的“社火”中的杂耍节目与当地的秧歌相结合，孕育产生了秧歌戏。高平秧歌的形成得益于当地民间歌舞、曲艺的频繁活动，得益于当地人们喜欢闹元宵，搞春祈秋报、迎神赛社活动等社会风俗。同治年间(1862—1874年)，高平秧歌十分盛行，以至于官府勒令禁止演出。清代光绪六年(1880年)《高平县志》记载：“春初演唱秧歌每至耕耘收获时犹不止，知县龙汝霖严禁之。”后来，演出多在元宵、庙会和农闲之日进行。

秧歌戏的题材广泛，很多剧目的场景与桑蚕纺织有关，剧目种类包括家庭生活剧、公案戏、历史剧、爱情剧、神话剧等。与蚕桑纺织有关的剧目如《三娘教子》中有春娥断机杼训子、《水火珠》中有翠莲采桑的场景、《秦雪梅》中有“断机教子”的折子。这些剧目题材源于生活，说明了当时蚕桑纺织与大众生活的密切关系。

秧歌戏中的上等服装多为丝绸质地，这在一定程度上刺激了当地丝织业的发展。高平秧歌作为一种根植于当地民间的艺术表现形式，演出的服装丰富多样，基本与上党梆子的戏装一致，但也有自己的特色戏装，多为绸缎上绣花。《高平秧歌》一书中记载：“旦衫，大掩襟，缎面，袖口缀两道花绦，上面绣牡丹花,红黄蓝白黑五色俱全。疙瘩带,龙褂上系的带子,一寸多宽的缎带上面镶四个馒头大的铜泡。卧兔帽,彩旦的头戴,形如卧地小兔,帽子用红缎镶边做成,一边绣娃娃莲,另一边绣梅花,帽尾、沿面处绣有黑绸云图。黄罗伞,黄缎面,梭布里,筒状,上绣有四条龙,形成两个二龙戏珠,下边有穗,上边有八寸宽的绿檐,绣八仙,边上有穗。"可见,高平秧歌的服装颜色丰富,图案多样。高平秧歌共有大衣箱、二衣箱、三衣箱等三个衣箱,服装基本都用绸缎做成。泽潞地区戏曲艺术的繁荣在一定程度上促进了潞绸业的发展,也成为潞绸文化圈的组成部分。

无论是古代的文学戏曲作品,还是创作于当代的文学作品,都受到了蚕桑文化的影响,并将泽潞地区长期形成的蚕桑文化融入当地的戏曲、文学作品。因此,文学戏曲成为潞绸文化的艺术承载,潜移默化地影响着当地人民的生活。

潞绸文化圈是泽潞地区传统蚕桑文明不断积淀的产物,从嫘祖教民育蚕到明清潞绸的鼎盛,以潞绸文化为核心的丝绸文明都在以一种潜在的方式影响着寻常百姓的生产生活。家庭是潞绸文化圈形成的第一场所,而泽潞地区的风俗信仰是潞绸文化圈的具体表征,生活礼仪成为其载体,独具地方特色的文学戏曲则是潞绸文化圈的艺术承载。随着现代潞绸产业的复兴,潞绸文化圈的社会影响、经济效应将凸显且将一直伴随着泽潞人民的现实生活。

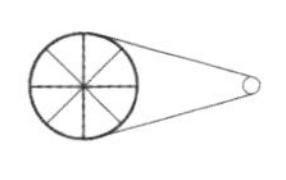

第五章 潞绸技艺的传承与潞绸文化产业的发展

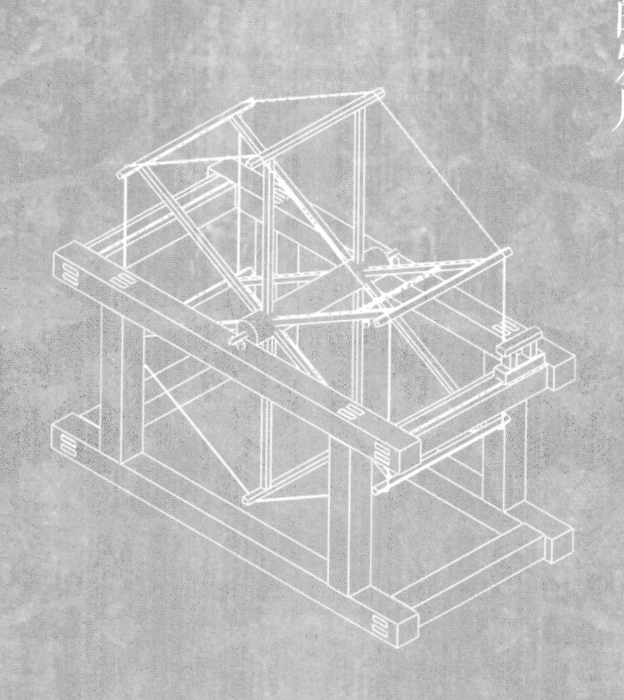

第一节 潞绸技艺传承与发展的意义

潞绸技艺是产生于泽潞地区的传统织染绣技艺，与当地人民的现实生活、长期以来形成的思想观念密不可分。现代社会，随着经济与社会的不断发展，人们的审美观念、价值取向等都发生了重大变化。如同众多传统手工艺一样，潞绸技艺的生存与发展受到了极大的挑战。因此，潞绸技艺的传承与发展不仅是对传统民族民间工艺的保护，更是非物质文化遗产保护的重要组成部分。

一、潞绸技艺的传承与发展有助于形成民族凝聚力

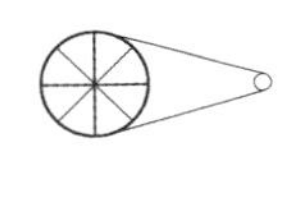

受工业文明的迅猛发展以及全球经济一体化的影响，世界的经济发展模式、价值观念等出现趋同化的倾向，强势文化不断地渗入不同的国家和民族。在这样的背景下，人类开始关注不同民族、种族赖以生存的本土文化，寻找和保护自己独特的生存印记。20世纪70年代初，《世界遗产公约》发布，认为"遗产"主要是指物质遗产或有形遗产，即固定空间形式的文化遗产。2000年，联合国教科文组织设立了《人类口头和非物质文化遗产代表作名录》，2001年公布了19项世界级非物质文化遗产，第一次确定了"非物质文化遗产"的概念，非物质文化遗产是指各族人民世代相传，并视为其文化遗产组成部分的各种传统文化表现形式，以及与传统文化表现形式相关的实物和场所。依据联合国教科文组织《保护非物质文化遗产公约》，非物质文化遗产分为五大类：①口头传统和表现形式；②表演艺术；③社会实践、礼仪、节庆活动；④有关自然界和宇宙的知识和实践；⑤传统手工艺。染织类非物质文化遗产是传统手工艺的重要组成部分。人类从愚昧走向文明的一个重要标志是从衣不蔽体到穿着衣物，人类生存的基本需求所涵盖的"衣食住行"中，"衣"排列在第一位，是首要的基本需求。"衣"的重要性决定了世界各民族都有着古老而各具特色的织染工艺，并且承载了本民族的风

俗习惯以及传统文化。

潞绸技艺根植于民间，发展、繁荣于民间，是泽潞人民在长期的生产实践中形成的织染绣技艺，通过口传身教的方式不断传承。在传统农业社会，潞绸不仅用于穿着，而且成为重要的商品，是当地家庭的主要经济来源，与普通百姓的日常生产、生活紧密相关。潞绸凝聚了当地人民劳作的方式与群体生活的意义，其技术工艺是非物质文化遗产的重要组成部分。从非物质文化遗产的维度而言，潞绸技艺具备了几个基本特征：

第一，物质性与非物质性。作为技艺与文化的结合，潞绸技艺具备了物质性与非物质性的双重特征。物质性是指作为染织类文化遗产，其载体是物质性的。山西潞绸如同南京云锦、四川蜀锦、山东鲁锦一样，都是以传统的木织机、缫丝染色工具和图案多样、色彩丰富的织物作为其物质的表现形式，只有通过这些载体才能证明潞绸染织技艺的存在。非物质性是蕴含在潞绸织物、工艺背后的更深层次的染织文化，涵盖了所有与潞绸相关的神话故事、民间传说、生活礼仪与节庆活动等，表现方式尽管不同，包括庆典、碑文、庙宇、文献等，但都传递了泽潞人民对织染绣发明者的崇拜，是真情的流露。因此，从文化传承而言，潞绸又是非物质性的。

第二，独特性。潞绸技艺作为一种传统染织技术，是泽潞世代人民不断传承与发展而来的，是作为文化的表达形式而长期存在的，这一技艺体现了泽潞地区人民的独特创造力。无论是具象的物质成果，还是抽象的风俗礼仪、行为方式、民俗禁忌等，都体现出泽潞人民长期以来形成的有别于其他地域人民的情感思想与内心世界，因此又具有独特性。潞绸所承载的丰富的民族记忆正是其独特性的体现。

第三，流动性。在不同的时间、地点，任何同一事物的发展都会呈现出不同的特点，在发展的过程中不断地渗入新的元素，因此，潞绸又具有流动性。这一流动性体现在主体与客体两个方面：一方面，作为主体的人，即染织者，不是静止的，其认知水平是不断变化发展的。潞绸的图案设计、色彩选择、织造工艺等必然受到主体的影响，融入了主体的审美观念、价值理念等。另一方面，客体，即染织者所面对的客观环境是不断发展和变化的，一个时代所崇尚的文化必然影响到织染绣技艺的传承与发展。潞绸技艺历经不同的历史时期，是不同时期时代特点的浓缩。

潞绸悠久的历史是泽潞地区人民生活的缩影，集中体现了当地人民的生活方式、审美观念、宗教思想、节庆礼仪、饮食习惯等。潞绸技艺传承与发展的意义在于延续泽潞地区悠久的蚕桑文明，保护蚕桑文化的多样性，重构以潞绸为核心的文化认同感，进而寻找共同的心灵归宿。

二、潞绸技艺的传承与发展有利于保护及促进文化的多样性

当今世界文化发展的鲜明趋势是，文化多样性深入发展。以互联网技术为代表的高科技拉近了人与人之间的距离，生活在特定区域的人们逐渐受到了异域文化的影响，传统的思维模式、审美情趣、行为方式都受到一定的冲击，呈现出全球化的趋势。就传统民间工艺而言，固有的生产、使用、流通等生存格局被打破，传统工艺品的制作、消费等呈现出了跨地域、跨行业、跨文化的特征，消费主体的扩大，使得传统民间工艺品原本所具有的实用功能消减，商品的价值发生改变。全球化对文化产生了两方面的影响，一方面是文化出现了趋同性，另一方面又导致了文化的多样性。因此，传统工艺不断接受外来文化的过程也是自我丰富、延伸的过程，这一过程并不是完全摒弃原有的本土文化，而是在保留本土文化基础之上的重构。

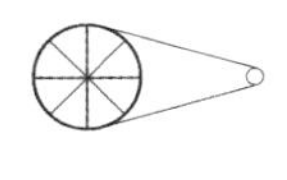

栽桑养蚕织绸起源于中国，因此中国的蚕桑文化源远流长，不同的地域长期以来形成了独具区域特征的蚕桑文明。潞绸技艺是在泽潞地区产生的，是当地人民通过长期的生产实践总结而成的地方传统纺织工艺。地处北方的泽潞地区是蚕桑文明的重要发源地之一，太行山上的长治、晋城地区有着诸多人类活动的遗迹。炎帝进入中原后，在此识五谷、兴农耕，太行上党是他的发祥之地和创业之地。《史记·五帝本纪》中有“黄帝居轩辕之丘，而娶于西陵之女，是为嫘祖”的记载。嫘祖教当地百姓植桑、饲蚕、缫丝，养蚕业由此从黄河流域传向中华大地，嫘祖被尊奉为“蚕神”“蚕祖”。长治、晋城一带与嫘祖的故乡夏县毗邻，自然是蚕桑业最早兴起的地方。地处黄河中下游的太行山区，在4000多年前就有了较为发达的蚕桑业。同时，民间也留存了大量与栽桑养蚕相关的民间传说，如成汤祈雨、穆天子观桑、地桑神传说、嫘祖育蚕等。在这一带，还遗存有与栽桑养蚕相关的古代建筑，如

阳城的蚕姑庙等，这些都是泽潞地区蚕桑文化的主要内容。明清时期，潞绸一跃成为上至皇室贵族、下至平民百姓所喜爱的织品。

潞绸传统工艺的传承正是在保留原有风格基础之上的创新发展，是当地的传统文化与外来文化的糅合，既保护了传统的地域文化，又丰富了传统文化的内涵，进而保护了地方文化的多样性。

第二节 潞绸技艺传承与发展面临的挑战与对策

一、潞绸技艺传承发展面临的新挑战

（一）潞绸技艺发展考量的新维度

我国传统工艺是中华民族长期积淀而形成的，是在适应不同地区、不同民族的生产方式、世俗生活等基础之上产生的。在长期发展的过程中，传统工艺自然也就成为承载特定地域、特定民族的文化心理、社会意识的载体。随着国家的重视，各项保护、抢救措施的实施，以及各种活动的开展，一些已经消失、正在消失的传统工艺逐渐重新回到人们的视野。但是，科学技术的迅猛发展，以及汹涌而至的全球化，使得传统工艺依旧受到强烈的冲击。当下，潞绸技艺的发展可以从以下几个维度考量：

1.人与自然的关系

我国传统工艺形成于传统的农耕时代，由于人类对于自然界认识、探索的有限性，传统工艺的原材料多取材于自然界，经过一定的工艺流程而加工成为传统工艺产品。随着人类对自然界认识的不断深入，也随着自然环境的变化，以及人自身需求的变化，完全的自然物已经不能满足现有工艺的需求，原料的选取已经不是直接取材于自然界。从工艺流程看，传统工艺产生的废物不经过一定的处理就直接排入自然界，或多或少会对自然环境造成影响。从这个层面看，要摒弃或者改造不合理的、有污染的生产工艺。

2.科技发展带来的多样化需求

21世纪以来,科学技术迅猛发展,科学技术成为国家实力竞争的核心。科技的发展一方面增强了国家科技实力、经济实力,一方面也让更多的产品走入民间,极大地丰富了人民的物质和精神生活。随着各种产品的日益充裕,人们对物质的需求更加多样化,已经不局限于基本的生产生活需要,传统意义上的各类产品已经不能完全满足人民对美好生活的追求。因此,我们应该站在科学技术的角度重新审视潞绸技艺的发展,考虑该如何实现潞绸技艺与现代科技的完美结合,创造出更多满足人民美好生活需求的产品。

3.全球化对中华传统工艺的影响

19世纪至今,人类经历了三次经济全球化,现在正处在第三次经济全球化时代。第一次经济全球化从19世纪到20世纪中叶之前,以第二次世界大战为界,也称为经济全球化1.0时代;第二次经济全球化是从20世纪中叶直到当前,也称为经济全球化2.0时代。目前,世界正在掀起第三次经济全球化浪潮,进入经济全球化3.0时代。我国在经济全球化1.0时代经济衰落,在经济全球化2.0时代寻求复兴,在经济全球化3.0时代要日益走近世界舞台的中央,发挥影响全球的大国作用。经济全球化影响了世界格局,特别是经济全球化2.0时代,新兴经济体蓬勃发展,以中国为代表的发展中国家奋力崛起;但事物的发展总是利与弊共存的,经济交往的扩大必然带来文化、思想的碰撞与交流,人们的认知也会发生改变。对我国传统工艺而言,全球化扩展了传统工艺产品的世界市场,却同时缩小了国内市场,传统工艺产品整体存在着边缘化、消逝化和趋同化的现象。

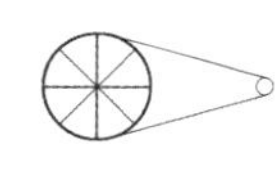

从整体上看,由于传统工艺进入新的时代,其发展面临着不同于以往的挑战,完全意义上的传统工艺已经不复存在,如何传承与创新发展是当下面临的重要问题。在这样的背景之下,用马克思主义科技观来重新考量、认识、把握、布局我国传统工艺的发展,有着重大的理论价值和现实意义。马克思主义科技观,其基本观点包括:科学技术产生于人类生产过程,辩证唯物主义产生的基础是自然科学及其发展,科学技术的杠杆作用,生产力包括科学技术、知识分子在社会主义建设中的作用,等等。除此之外,马克思和恩格斯还探讨了科学技术与社会的关系、科学技术的社会功能、科学的分类、科学与哲学的关系等问题，从而构成了完整的马克思主义科技观。马克思主义科技观的视角，主要是基于马克思和恩格斯所提出的科学技术产生于人类的整个生产过程，以及科学技术与社会的关系、科学技术的社会功能等几个方面，对现实的传统工艺传承与创新有着重要的借鉴作用。

（二）潞绸发展的时空变迁

1.生存环境的变迁

从20世纪80年代开始，伴随着改革开放，潞绸的生存发展环境与之前相比发生了很大的变化，涉及社会发展模式、文化交流、经济发展水平等多个方面（表5-1）。

从表5-1可以看出，潞绸的生存环境在过去60多年间发生了重大变化，

表5-1　潞绸生存环境的变迁

生存环境	变迁	
	新中国成立至20世纪60年代	20世纪60年代至今
社会环境	绝大多数农村居民常年居住在当地，以农业为生，传统潞绸产业是农业活动的补充，但也存在以蚕桑丝织为主的乡村	农村大量的富余劳动力涌入城市，织绣只在少数村庄存在，潞绸生产主要依靠规模不一的纺织工厂，产业集聚效应凸显
市场环境	外来商品、文化很难进入，因此传统纺织品是主要的生产、生活用品，潞绸在婚丧嫁娶中广泛使用	随着商品经济的发展，各种生活用品、纺织品不断进入本地市场，多种文化交融，传统纺织品潞绸的本地市场受到冲击
	相对稳定、单一的文化圈，人们对传统纺织品具有基本的认同感，在此基础上形成了具有一定规模的本土市场	面对不断扩大的外部消费市场、不断增加的外来游客和外来产品，本土形成的文化受到外来文化的冲击，形成外部市场远大于本土市场的格局
政策支撑	地方政府给予一定的政策扶植，但力度很小，自发性的生产行为是潞绸组织生产的唯一方式	以经济建设为中心，地方政府充分发挥行政职能，参与到地方传统工艺的发展进程中，成为潞绸技艺传承与发展的支撑力量，潞绸也成为地方政府推销地方文化的名片
	以家庭、血缘等形式传承的潞绸工艺成为文化传承的一种方式，本身也成为文化的一个组成部分	生产规模扩大，现代化的企业生产、运作模式取代了个体、家庭作坊式的生产方式，潞绸的传统技艺成为地方性文化符号

生产方式、销售模式、文化传播等方面都发生不同的改变，特别是在改革开放以后，以经济建设为中心，地方政府有效发挥了行政职能，推动了以潞绸为核心的纺织产业的发展，潞绸作为地方文化符号，成为推销地方文化的有效名片。

2.制作与消费主体的变迁

（1）制作主体的变迁。潞绸是以图案、色彩、材质等为表现形式，由工艺的制作者来完成的具有地域性、实用性、观赏性的纺织品。潞绸的工艺制作者是以潞绸为核心的特定文化圈的构建者和受益者，工艺制作者的生存状况、审美观念等都受到具体的社会、经济、政治、文化等客观环境的影响。

一方面，时代的变迁、社会的发展扩大了制作者的生活领域。传统手工艺人的生存、生活环境已经不仅仅局限于土生土长的地域，他们的活动范围，即设计、生产、织造等工艺活动已经超越了地方性的界限，足迹可以遍布全国各地。潞绸的传统老艺人除了在当地从事自己的手工艺活动，还行走于邻近的省份如河南等地。因此，他们的生存圈也在扩大，第一生存圈是乡村，第二生存圈是本省，第三生存圈则是邻近的省份。也就是说，随着技术的发展与交流，潞绸手工艺人的活动范围发生了很大变化。

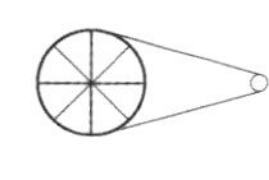

另一方面，传统手工艺人的思维无法脱离本土文化，他们在生产、生活以及各种社会活动中逐渐产生了对自然、社会、生活、群体等的认同，由此形成了具有明显地域特点的思维方式、宗教信仰、风俗习惯、审美观念等，这些潜移默化地影响着他们对产品材质的选择、图案的设计、色彩的搭配。

同时，潞绸传统工艺制作者的知识水平也在提升。传统老艺人大多生长于当地，多是闲时纺织，平时农忙，以口口相传的方式将工艺技法传承给子孙，传承的途径和方式是单一的。随着教育的普及，更多的接受中高等教育的纺织专业人才加入到传统纺织行业中，与传统老艺人相比，他们最初接受的是纺织理论教育，而后再从事传统纺织品的设计、织造等。他们所受到的教育以及文化的熏陶会转变为理念，自然而然地融入到传统纺织品的开发设计中，这也为传统纺织品的传承与发展注入新的生命力。老艺人与经过专业教育的人员相比，对传统文化有更多的体验和更深的情感；但受过专业教育的人员在传承传统文化的同时，还可以将更多新的美学理念融入传统纺织品。

（2）消费主体的变迁。地方传统纺织品潞绸是特定区域地方民间文化的重要组成部分，与人们的日常生活紧密联系，这一特点决定了其工艺生产具有很强的实用性，也就是产品具有功利性的特点。另外，产品消费者的社会地位、所处阶层、审美情趣、文化认同等因素也会影响传统工艺的产品形式、品种类别等。从现存民间的潞绸实物可以看出，潞绸的实用性很强，有兜肚、裙子、袄、鞋、枕顶、枕套、被罩、帽子、针线包等，品种丰富。宗教的兴盛，使得潞绸被大量用作经书的封皮、佛幡等。泽潞商帮的兴起，也使得潞绸走出本省，销往全国各地。可以看出，传统潞绸的消费群体相对固定，这一特点决定了潞绸的品种、形式和内涵。

当前，潞绸的消费主体发生了很大变化，在本地域消费群体不变的基础上，外地消费群体在逐渐增加。因此，产品的品种发生了很大变化，家纺、真丝围巾、睡衣等品种在增加。消费主体的变化主要表现在以下方面：

当地消费群体仍占有一定的比例。随着非物质文化遗产保护工作的深入开展，更多的人意识到地方传统文化的价值。因此，婚丧嫁娶、节庆庙会等传统民俗活动日益恢复。潞绸作为传统民俗活动不可缺少的组成部分，又为寻常百姓所使用，潞绸的实用功能开始显现。

旅游业的兴起，使外来游客成为潞绸重要的消费群体。来自不同国家、不同地区、有着不同文化背景的游客，凭借对传统文化的兴趣而购买具有地方传统文化特色的工艺品。泽潞地区的旅游业相对发达，形成各具特色的旅游区，吸引了大量的中外游客，他们成为潞绸的主要消费群体。

当地企业也成为重要的消费群体。潞绸作为泽潞地区的传统纺织品，蕴含着当地人民丰富的历史、文化情感。由当地企业消费的这部分工艺品一般需要专门定制，产品制作者与消费主体通过反复沟通，根据消费主体的理念、需求设计产品，以达到共同的文化认同。潞绸成为展示地方文化、扩大地方知名度的有力工具。

二、潞绸技艺传承与发展的对策

（一）以传统题材为基础开发现代潞绸产品，展示特有的地方文化

技术的进步影响了社会、文化、思想等各个方面。因此，潞绸的现代传承与发展必须全面考量生活环境、社会文化、审美情趣、思想观念等，既要保持潞绸作为泽潞地区传统纺织品的地域特色，也要将现代审美融入现代潞绸产品之中，演绎传统与现代之美。

如同很多民间工艺一样，传统潞绸手工织造工艺已濒临失传，现代的潞绸织机已经完全从传统的木织机转为现代纺织机械。但是，随着绿色消费、生态环保理念的逐渐深入，人们对天然材料愈加推崇，传统潞绸产品为更多的消费者所青睐。潞绸承载了泽潞地区独特的地方审美与情结，以平纹、斜纹、缎纹为基本纹样，以文字、花卉为主要题材，结合刺绣、手绘等不同的表现技法，反映了传统的吉瑞祥和理念。丰富的潞绸产品为人们提供了衣装服饰和家居装饰，延续至今。

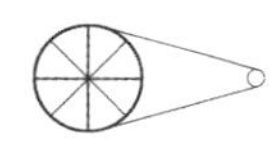

潞绸的发展实质是传统文化与现代文明之间的链接，以山西吉利尔丝绸股份有限公司为代表的纺织企业，将潞绸的传统元素融入现代纺织品设计，为潞绸的传承与发展做了有益的尝试与探索。现代潞绸产品传承了传统潞绸的图案和表现技法，并且加以创新应用，既展现了浓郁的地域风格与民间特色，又体现了现代的时尚韵味。以目前所开发的家纺系列为例，有以龙凤呈祥、花开富贵、长宜子孙、百花呈瑞等不同的传统吉祥理念为核心的床上用品，将传统元素恰当地使用在现代潞绸产品中。如图5-1所示。

传统图案题材在现代纺织品设计中的应用一般有直接应用和间接应用两种。直接应用是对传统纹样、图案不做任何改变，直接将其应用在现代纺织品的整体造型或者局部造型中。间接应用是将传统纺织品的纹样、图案进行整理归纳，从传统纹样和图案中选出具有代表性、典型性的元素并应用于现代纺织品的设计中，将传统纹样、图案的“神韵”体现出来。

现代潞绸以刺绣、手绘等技法将传统图案应用于服饰、家居装饰、家纺

图 5-1 潞绸手绣床品

（吉利尔公司 提供）

产品中，图案题材以表现传统吉祥理念的植物、动物为主，也有反映地方传统文化的人物、场景等。如礼服系列（图5-2），直接将传统图案手工刺绣于真丝面料上，图案有牡丹、梅花、荷花、蝴蝶等，并装饰以时尚典雅的水晶钻石，赋予了现代潞绸独特的东方神韵。

图 5-2 现代礼服系列

图 5-3　二十四孝手绣桌旗

图 5-4　靠垫

家居装饰以手绣桌旗、真丝手绘屏风、织锦坐垫、手绣靠垫、手绣餐套等为主要产品，也是直接将传统故事、祥瑞理念以图案形式呈现在潞绸家居饰品中。图5-3是一幅真丝手绣桌旗，以中华传统孝道故事二十四孝为蓝本绣制而成。手绣靠垫也是现代潞绸的主要家居产品，丝质的面料上是手工刺绣的吉祥富贵图案，演绎了潞绸的传统美。如图5-4所示，靠垫运用了当地的传统图案，表现了对生命繁衍与延续的渴望。

随着人们对生活舒适度的要求不断提高，丝绸不仅用于衣装服饰，也成为家纺产品的原材料。蚕丝被套、床品等也成为现代潞绸开发的主要产品，凸显出潞绸的高贵舒适，如图5-5所示。

丝绸手绘是传统潞绸织作的重要技法之一，现代潞绸依然使用这一手法，主要用于家居装饰品。图5-6是一幅长达30米的真丝手绘画卷，展现了当地的蚕桑文明。

无论是将传统图案、材质直接应用于服装、家纺、家居的整体造型，还是提取传统图案中的典型元素并应用于服饰、家纺产品中，都体现出现代潞绸产品的地域性、独特性与时代性。

图 5-5　现代潞绸床品
（吉利尔公司　提供）

图 5-6　真丝手绘画卷

(二)以潞绸核心产品为主导,发展潞绸文化产业

传统手工艺在机器工业发展的背景下,已经渐渐被机器所取代,基本上失去了农耕时代所具有的经济意义,更多具有的是历史与文化价值。人们可以在制作传统工艺产品的基础上,开发相关的文化产品,通过消费者购买、消费产品的过程实现地方传统工艺的传播与传承。因此,大力发展潞绸文化产业是传承潞绸文明、实现潞绸产业复兴的有效途径。

1980年,联合国教科文组织与加拿大针对文化产业发展迅猛的现实,在蒙特利尔召开会议,按照工业标准提出了"文化产业"的概念,定义文化产业是生产、再生产、储存以及分配文化产品和服务的一系列生产活动。1998年,联合国教科文组织再次对文化产业进行定义——"按照创造、生产与商品化等方式,生产、再生产、储存以及分配本质上为无形的文化内容,这些文化内容基本上受到著作权的保护,其最终形式可以是商品或是服务"。根据这一定义,文化产业分为四个层次(图5-7),包括文化内容的创造、文化产品的制造、文化产品的发行及服务、亚文化产品的开发[36]。

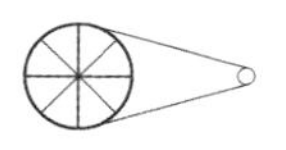

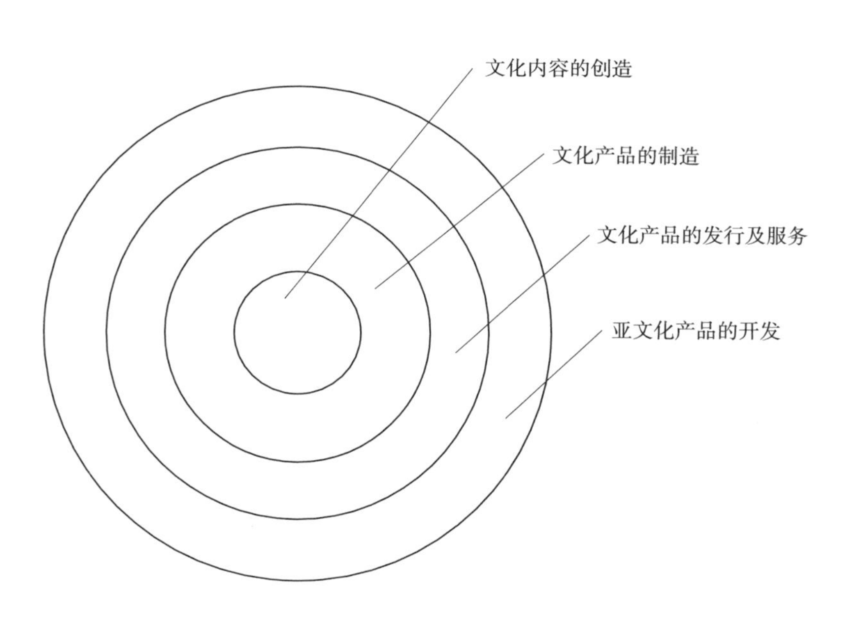

图5-7　文化产业的同心圆结构

文化产品的活动过程也是文化产业的价值实现过程,通过不同的参与者分工合作,将文化产品所具备的文化价值转变为经济价值、商业价值,最后通过消费者的消费过程实现文化价值的传播,对文化产品的购买、消费表达了主体的文化诉求。就传统文化而言,对传统文化产品的生产、销售、消费这一过程也实现了传统文化的传承。

地方文化产业是文化产业的一种类型,是连接地方经济与地方文化的纽带,具有本地域的特征,同时又依存于特定的地理空间。依据其特性,可以分为地方传统文化产业、地方观光文化产业及地方文化活动产业等三大类。地方传统文化产业包括传统文物、传统民俗、乡土文化、历史古迹、风俗民情、民俗文化活动等,地方传统文化产业发展的一个重要功能是延续地方文化生活。地方观光文化产业是利用独特的地理优势,利用地方的空间资源特色,开发其观光经济价值,并以观光区为主,开发其相应的文化产品,既带来了一定的经济效益,又产生了文化品牌效应。地方文化活动产业是以地方文化活动为主的产业,包括传统文化节庆、独具地方特色的民俗活动等,地方文化活动产业逐渐成为提升地方文化素质的动力。

地方传统工艺具有典型性与代表性,是地方传统文化的具体表征。全球化时期的文化产业,跨越了国界、疆域及时空,成为具有发展潜力的主导产品。与此同时,独具地域性、本土特色的地方文化产业突出了地域的特殊性,凸显地方特色的文化产业,成为地方经济发展的新的增长点。因此,对地方传统工艺的传承与发展应该成为地方文化产业发展的核心。

潞绸传统工艺经过长期的发展,融入了当地人民的审美意识,一定程度上反映了地方民俗文化的内涵。潞绸文化产业是连接地方经济与地方文化的纽带,因此,大力推进潞绸文化产业建设,既能发展地方经济,又能加强人们对地方文化的认同,是潞绸传统技艺传承的必然选择。

潞绸文化产业的发展包括了两个方面的内涵:其一,不断丰富潞绸的品种,拓展潞绸在国内外市场的知名度。将潞绸的传统图案、色彩、表现方式和内涵运用到现代潞绸的设计制作中,以潞绸的生产企业为主带动当地纺织企业,成为地方经济发展的主力军。其二,围绕潞绸,不断开发相关的文化产品。通过建立传统的潞绸产品博物馆、潞绸创意园、潞绸生产工艺展示馆，组织潞绸文化论坛，制作电视短片等，让更多的群体了解潞绸产品，进而实现潞绸文化的传承。

目前，地方文化产业主要包括地方休闲产业、地方观光产业、地方节庆活动、地方博物馆。图5-8所示是潞绸文化产业发展模式图，是以潞绸的核心产品为主导，开发其相关的文化产品，主要包括潞绸休闲产品、娱乐教育产品以及博物馆。泽潞地区历来是山西重要的纺织基地，在煤炭等重工业发达的时代，泽潞地区的纺织企业依然秉承当地的蚕桑文化，大力发展纺织产业。以晋城为例，有吉利尔、晋氏织造、晋京地毯、森鹅服饰、金澜刺绣等多家纺织企业。产品涵盖了家居日用、衣装服饰等多种类别，既有运用传统刺绣工艺的鞋垫、鞋帽等，又有现代与传统相结合的现代礼服。潞绸核心产品的开发应该整合已有的生产企业，细化产品生产门类，在设计上凸显地域风格，并与时代特点相糅合。潞绸文化产业要以企业为主导，将传统的被动消费逐渐转化为体验式消费，主要是建设以宣传丝绸文化为核心的文化产业园区。园区以宣传潞绸文化为主旨，并在园区开展一定的体验活动。同时，以潞绸为载体，开展丝绸文化类学术讨论活动，提升其知名度。

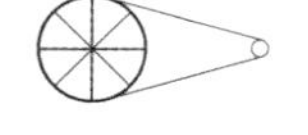

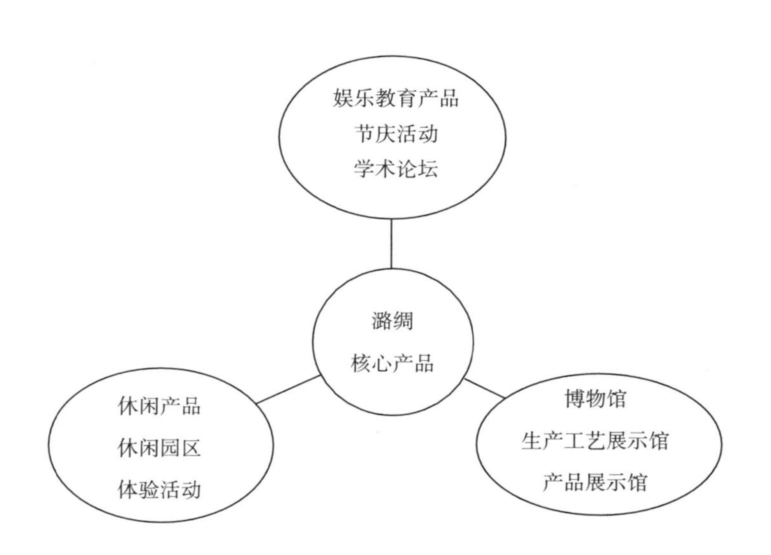

图5-8　潞绸文化产业发展模式图

流传至今而又濒临消失的传统潞绸在中国丝绸的发展历程中起到了重要的作用,它不仅是山西传统纺织工艺文化的重要组成部分,也是我国非物质文化遗产中不可或缺的一部分。要大力宣传潞绸作为传统纺织工艺的技艺,使社会认识、了解这一传统技术,开发相关文化产品,进而认识到传统文化对现代社会的重要性,增强人们的保护意识和责任感。在保留核心传统工艺的基础上,结合现代审美观念、价值理念,既体现其传统美,也体现其现代美,以迎合现代人的需求,为潞绸的生产赢得市场。

目前,泽潞地区纺织企业的蓬勃发展已经凸现了潞绸文化的魅力,随着国家与各级政府对非物质文化遗产保护的日益加强、国内经济的高速发展、传统文化的兴起以及消费者个性化特点的日益突出,走"文化+潞绸+产业"之路是潞绸技艺传承与发展的必由之路。

第三节 传统工艺传承与创新的再思考

传统工艺是中华民族传统文化的重要组成部分,其传承与创新不仅是弘扬中华优秀传统文化的重要载体，也是实现他国对我国认同的物质承载。深入挖掘我国传统工艺中所蕴含的精神财富、价值取向,并且加以创新性发展,对我们实现技术认同、社会认同、文化认同、民族认同具有重要的现实意义。

一、传统工艺传承与创新的重要意义

(一)传统工艺是我国古代、近代科学技术发展的重要载体

马克思曾经指出:"火药、指南针、印刷术——这是预告资产阶级社会到来的三大发明。火药把骑士阶层炸得粉碎,指南针打开了世界市场并建立了殖民地,而印刷术则变成新教的工具,总的来说变成科学复兴的手段,变成对精神发展创造必要前提的最强大的杠杆。"这样的论述凸显了中国古代科学技术在世界科技发展、经济发展、社会发展中的重要历史地位。从

历史进程看，中国古代科学技术从原始积累到春秋战国时期的奠定基石，再到两汉、宋元时期出现的两次科学技术发展高潮，直到明清时期，鸦片战争前，我国科学技术一直处于相对突出地位。也就是，从公元3世纪到15世纪，中国以发达的农业、先进的技术、灿烂的文化处于世界科技强国的位置。

古代中国的科学技术在宋代相对成熟，并形成了四大学科和三大技术。四大学科主要有数学、天文学、医药学和农学。在数学方面，中国最晚在商代已经采用了十进位制，《周髀算经》中记录的勾股定理比西方早了约500年，祖冲之圆周率精确到小数点后的第七位数，比欧洲早了1000多年。在天文学方面，甘德、石申的《甘石星经》是世界上最早的天文学著作，西汉的《太初历》第一次把二十四节气订入历法，唐朝僧人一行的《大衍历》是根据日影实测确定的，是当时世界上最精密的历法。在医药学方面，以中医药理论最为夺目，从世界医药学史的角度看，中医理论把人体放在自然界整体运动和广阔的动态平衡之中进行研究，影响深远。在药物学方面，明代李时珍的《本草纲目》系统总结了我国16世纪以前药物学的经验和成就，大大丰富了药品的种类，被誉为“东方药物巨典”。同时，我们产生了三大技术，即丝织、陶瓷和建筑。其中，以丝织技术最为著名，并由此形成了古代丝绸之路。

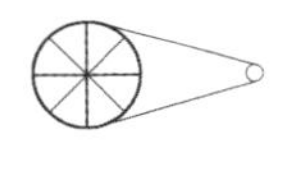

著名的科技史学家李约瑟研究了中国古代的科学技术，他列举了15世纪内中国完成的100多项重大发明和发现，并指出这些重大发明大部分在文艺复兴前后接二连三地传入欧洲，为欧洲文艺复兴奠定了重要的物质技术基础。而据相关数据统计，16世纪以前，影响人类生活的重大科技发明有300多项，其中175项是中国人的发明，占到57%以上。

科学技术的兴盛带来了传统工艺的极大发展，不同时期的科学技术发展结合地域特色，形成了不同种类的传统工艺。目前，传统工艺一般可以分为两大类型：一类是制作实用品的，如各种工具和机械的制造工艺、酿造工艺、造纸工艺、纺织工艺等；另一类是制作艺术品的，如皮影、年画、版画等。但很多传统工艺因兼具实用与审美的特征而不能清晰界定其属类。

不同的传统工艺产品兼具物质与精神特征，即有用性与审美性。同一种传统工艺在各个时代由于技术手段之间的差异而呈现了不同表征，技术所呈现出来的特征反映着这一时代的科学技术和生产力水平。因此，中国古代科学技术是优秀传统文化的重要组成部分，而传承与创新传统工艺是探究古代科学技术的重要载体。

（二）传统工艺是实现文化自信的重要载体

从人类文明发展的历程看，中国是世界上唯一一个有着绵延不断历史的国家，上下五千年的中华文化经久不衰、历久弥新。从近现代发展的历史看，洋务运动、西学东渐达到了近代学习西方文化的顶峰。21世纪以来，对于文化的认识逐渐深化，对于中华传统文化的认知逐步提高。中华民族5000多年文明历史孕育了中华优秀传统文化，优秀传统文化是一个国家、一个民族传承和发展的根本，也是我们保持文化自信的深厚基础和坚强基石。

文化自信是更基础、更广泛、更深厚的自信，坚定文化自信是事关国运兴衰、事关文化安全、事关民族精神独立性的大问题。要深入挖掘中华优秀传统文化中所蕴含的思想观念、人文精神、道德规范等，让中华文化展现出永恒魅力和风采。我国传统工艺作为实际存在的文化载体，镌刻着一个民族、一个时代、一个地域、一段历史的印记，是中华优秀传统文化的重要组成部分和重要载体。传统工艺具有物质与精神的双重属性，实现我国传统工艺的创新与超越，是新时代传承与发展中华优秀传统文化的重要路径。要不断挖掘传统工艺所蕴含的优良文化基因、精神内涵、价值取向，实现物质与精神的统一，进而实现文化自信，达到文化认同。

（三）传统工艺是共建“一带一路”的重要载体

在古代丝绸之路上，绵延的驼队将古代中国丰富的物产运送到世界各地。古代丝绸之路也从以丝绸贸易即物的交流为主而逐渐成为一条经济交往、技术交流、文化融通之路，在这个过程中，传统工艺产品起到了巨大作用。建设“一带一路”就是要实现沿线国家之间政策沟通、设施联通、贸易畅通、资金融通、民心相通，扩大与“一带一路”沿线地区和国家间的人文交流至关重要。就是要重视我国各地的历史文化，讲好独特的中国故事。传统工艺作为各地、各民族的传统文化的重要载体，蕴含着大量的独具特色的中国故事，体现了中华民族天人合一、自强不息、天下大同等理念。传统工艺产品的交流，能够促使各国人民找到更多的历史记忆，进而实现与沿线国家、地区间民心的相通。因此，要紧抓“一带一路”的发展契机，促进更多的传统工艺融入“一带一路”的文化产业建设中。通过融入“一带一路”建设，一方面，更好地向国内、国外展现各地各民族的地域特色和风土人情，提高各地的国内、国际知名度；另一方面，提高人民的归属感和自豪感，增强中华民族的凝聚力和认同感。

（四）传统工艺是提升国家文化软实力的重要载体

文化分为广义文化和狭义文化。广义的文化包括物质文明和精神文明，是人们在实践过程中所创造的物质和精神财富的总和；狭义的文化是指在一定历史社会条件下人们在日常生产生活过程中形成的价值理念、伦理道德、风俗习惯和社会心理等。

软实力这一概念是相对于硬实力而言的，硬实力是一个国家和地区所具备的经济、科技、军事等方面的实力，软实力则更多地体现在文化与意识形态方面。软实力对于增强一个国家的民族凝聚力和提高国际竞争力有着巨大的推动作用。

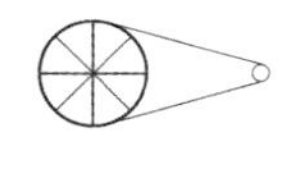

文化软实力是一个国家软实力的核心组成部分，即一个国家文化所形成的吸引力和影响力。国家文化软实力的增强意味着这个国家的文化对其他国家产生巨大的吸引力，并且得到其他各国人民的普遍认同。一般从精神和物质两个方面衡量：一方面从精神层面探索一国价值观、政治制度以及生活方式等对其他国家的影响；另一方面从物质层面探求一国的文化，特别是文化产业对于其他国家的辐射力和影响力。两个方面缺一不可，互相影响。因此，在一定意义上，文化产业是衡量一个国家软实力的重要指标。

我国传统工艺对增强国家文化软实力起着重要的作用，是增强国家文化软实力的重要文化资源。传统工艺作为中华传统文化体现的重要形式和传统文化价值观的重要载体，承载着民族文化传承、保护、融合、发展的希望，是推进中华文化不断发展、扩大中国文化国际影响力、增强国家文化软实力的重要形式和手段。追求自然，求“和”与“大同”的思想是增强国家文化软实力的哲学基础;传统工艺中所蕴含的“生存、仁爱、进取、包容”的民族精神是增强国家文化软实力的强大精神支撑，也是展示中国国家形象、提升国际影响力的根本所在。

传统工艺是民族文化的缩影,在增强文化凝聚力、感召力、创新力、整合力以及增强国家文化软实力、文化的国际影响力方面都将产生重大的影响。传统工艺中所折射的人与人、人与自然、人与社会的良好关系与秩序,将在现代社会人文精神的形成、人文素质的养成及发展过程中起到积极作用,不断增强文化凝聚力。传统工艺所形成的社会心理、行为习惯以及伦理规范是形成当代社会核心价值的基础所在，是凝聚社会共识的基本因素。传统工艺丰富的价值内涵是增强文化感召力不可或缺的精神元素。传统工艺渗透于人的心灵,是维系家族、社会生存发展的根本,是当前增强我国文化感召力、吸引力的精神元素;传统工艺所蕴含的丰富文化内容是当代文化产业发展的重要组成部分,增强了文化的国际影响力。传统工艺所形成的产业不仅让本国人民了解传统文化，并且让世界各国人民有机会、有条件感知中国优秀传统文化,并且有效提升了国家形象。传统工艺丰富了我国文化事业的内容,能够有效提高国家文化整合力。各类传统工艺博物馆和研究所的建立,非物质文化遗产的申报与发展,将不同地域、不同民族的传统工艺整理、整合,都将对我国文化事业的发展起到积极的推动作用,提高国家文化整合力。传统工艺是技术与艺术、技术与社会、技术与文化的高度融合,是物质与非物质文化的统一,现代技术的融入将不断增强传统文化的创新力。

二、传统工艺传承与创新的路径

当前,随着中华优秀传统文化传承发展工程,以及非物质文化遗产保护工作的深入推进,许多传统工艺进入了世界级、国家级、省市县级等非物质文化遗产名录。但要实现再传承、再发展,需要在传承的基础上不断创新。只有清醒地认识到科技与社会的互动关系,以科技的发展推动传统工艺的创新,以适应不断发展、变迁的社会生活,不断满足人民群众日益增长的精神需求,实现现代性转化,才能服务社会文化建设,促进经济发展,最终才能使传统工艺得以传承。

（一）以全球视野谋划我国传统工艺的发展

中华优秀传统文化是中华民族历经磨难而依然屹立于东方的根本，是每个中华儿女流淌在血液中的、根深蒂固的魂，新时代，这依然是我们所必须倡导和遵循的。当我们日益走近世界舞台的中央，从被动接受到主动提升国际话语权，中华优秀传统文化必将发挥越来越重要的作用。

中华优秀传统文化不仅是中华民族的宝贵精神财富，也是人类共有的精神财富。对待中华优秀传统文化，应把它定位于世界文明的构成中。我国传统工艺作为优秀传统文化的重要载体与表现形式，在全球化的过程中，其传承和发展，既要立足国际视野又要保留传统所蕴含的价值与认同，但绝不是回到遵从、教条、禁锢的轨道，要充分发掘民族文化、地域文化中所蕴含的科学性、人文性和创造性因素。从某种程度上说，对传统工艺的传承创新的过程同时也是民族文化精华发展弘扬的过程。

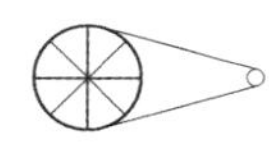

在古代中国，传统工艺产品就作为文化媒介承担着对外交往、文化交流的“使节”角色。中国的漆器工艺早在汉唐时期就随着中华文化的传播流传至朝鲜、日本等国家，通过古丝绸之路，瓷器、丝绸进入丝绸之路沿线国家，并且得到民众的认可，瓷器、丝绸也逐渐成为世界闻名的中国名片。这对当下的“一带一路”建设、在“一带一路”沿线国家以及全球传播中国传统文化具有重要的借鉴意义。因此，中国传统文化类的产品开发不仅要重视其“特色”的挖掘，更要重视将其融入世界性、全球化的时代主题。文化推广的国际化与全球视野将使中国传统工艺进一步适应全球市场经济。

在加快本国传统工艺推广的同时，也要不断促进中国传统文化元素融入国际品牌。一些国际知名品牌为迎合中国人的需要，逐渐将一些中国传统文化元素融入产品设计中，不论是图案设计，还是色彩搭配都力求符合、迎合中国人的审美情趣和价值观念。此外，中国传统工艺产品也在不同的对外交流、交往中得到了很好的宣传推广，中国刺绣、丝织品都多次作为外交礼物出现在大国外交中，成为宣传中国优秀传统文化的亮丽名片。由此可见，我国传统工艺的传承创新必将是立足本土、放眼世界，在跨文化、跨区域交流中注重创新性，积极创新开发国际化的传统工艺文化产品，力求使其获得国际、国内的强大推动力量，使先进的国际化理念和优秀的本土实践成果成功融合。

（二）突出现代科技的作用，保护传统工艺中技术的本真

技艺是传统工艺的根，虽然工业化时代，科学技术的发展已经使得大量的传统工艺产品改变了原有的工艺流程，但要实现传承与创新，首先要保护其中的技艺、材料、工具、样式等。传统工艺一般通过口口相传、亲身实践来实现代代相传，所以要实现技术的原汁原味传承，要从以下几个方面入手：

一是选好传统工艺的传承人。对于传承人而言，除了具备一定的文化知识，还必须要有对传统工艺发自内心的热爱和兴趣，能将传统工艺作为自己的事业来经营。

二是运用现代技术手段，将可能流失的传统工艺制作方法与经验保存下来。我国传统工艺的流传得益于经验的传承，形成了言传身教的文化传承、心领神会的体验传承、经验总结的艺诀传承等传承形态，形成了家庭传承、师徒传承、行业传承等传承关系。近现代以来，传统工艺传承与发展作为工艺教育、艺术教育的重要组成部分，也纳入了学校教育机制，学校的专业人才培养成为传统工艺文化传承发展的组成部分。要充分考虑到经验流失、技艺失传的可能性，全面整理历史及当下的传统工艺要诀，梳理技法和经验，通过实时的记录，并且运用信息化手段对记录的数据信息进行分类整理储存，尽可能留下挖掘、修复和发展的线索与资料。

三是开展相关学术研究，为传统工艺传承提供支撑。深入挖掘和全面把握不同地域、不同时期、不同民族传统工艺的技艺原理和经验知识。对相关工艺技法和经验知识进行全面梳理与研究，并上升到原理层面加以把握。要加强理学、工学、文化学、人类学、民族学、社会学等学科的融合研究，以丰富传统工艺的阐释。

（三）突出科技与文化的融合，实现传统工艺传承创新

文化是传统工艺的魂，传统工艺的传承创新不能将魂丢失，要将现代科技与文化高度融合。

一是利用新媒体传播传统工艺。目前，我国80%以上的传统手工从业者

分布在农村，而且一半以上的从业者年龄偏大且收入较低，一半以上的传统工艺项目面临无人传承的困局。如何改变这种困境，新媒体应该发挥其作用。随着信息时代、网络时代的到来，出现了很多网络新媒体，信息的传播方式不仅有传统的报纸、杂志、广播、电视等，还有建立在互联网基础之上的微博、微信、QQ、抖音、快手、bilibili、西瓜视频等。2022年，国新办发布的《携手构建网络空间命运共同体》白皮书指出："截至2022年6月，中国网民规模达10.51亿，互联网普及率提升到74.4%。"传统工艺传承的是工艺，但其传播形式不能落后陈旧，而是要借助各种文化平台、公众号等新手段构建我国传统工艺发展的新型文化传播与传承模式。同时，传统工艺的从业者，以及各级各类文化团体也要根据传统工艺产品本身的特性、消费者的需求，寻找合适的技术传播模式。

二是将线上体验与线下体验相结合。体验是分享技术、艺术与文化的重要方式，体验可以完整地记述下传统工艺的每一道工序。随着传统工艺保护传承工作的推进，建立了很多独具特色的传统工艺实体店铺，用于消费者的互动体验。但随着生产生活节奏的加快，实体的店铺体验与很多实体店一样无人问津，人们更倾向于通过网络这种便捷的传播方式接受未曾接触的事物，并积极参与互动。因此，传统工艺要更多地融入现代社会，就必须适应互联网时代的大环境、大背景。线上体验更能体现传统工艺的参与性、分享性，突出体验的便捷性。可以整体规划，从各地的传统工艺品中选择出最具代表性，受众易参与、易接受的产品，分批、分类地开发传统工艺App，使用户随时随地都可以通过手机参与、体验传统工艺品的制作。

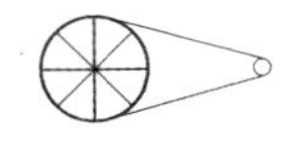

对于很多不能完全通过线上互动体验馆传播的传统工艺，要推广、建设一定数量的线下体验馆，通过线上和线下的结合，传承传统工艺的精髓。

三是在线定制个性化传统工艺产品。我国传统工艺产品是中国传统匠人的匠心之作，形式鲜明、表现深刻、技艺独特、巧妙绝伦，充分展示了传统工艺的魅力。但很多传统工艺品形制陈旧，产品不被青年人接受，再加之以线下市场交易为主，客户以中老年收藏者为主，就出现了很多喜爱传统工艺产品的年轻人却无法找到自己喜欢的产品和款式的问题。因此，为了寻求传统与时尚的切合点，满足多元化的需求，可以通过网络快捷地收集信息,获取不同人群的产品需求意向。把不同的需求信息传递给传统工艺的制作者,设计出符合不同职业群体、不同年龄段的产品,实现需求与供给完美对接。同时,传统工艺的发展也可以引入私人定制模式,吸引更多消费者的关注,不断扩大消费群体。根据个性化的需求,加入不同的设计元素,实现个人的精神消费。

四是虚拟现实(VR)技术、增强现实(AR)技术+传统工艺传承。虚拟现实技术作为一种兴起的技术,逐步地应用到教育、文化、影视、传媒、旅游等各种行业,并且取得了一定的效果。传统工艺以家族、师徒等形式为主的传承模式使传承辐射面非常有限,加上传播的手段、方式陈旧,使传承技艺面临滞后的窘境。要实现传统工艺的传承创新,首先要改变落后的传播途径。AR技术、VR技术的出现为解决传统工艺面临的问题提供了一套新的思路,AR、VR技术使得体验者有强烈的代入感和参与感,为传统工艺的传播提供了便捷、有效、可行的途径。体验者通过AR、VR技术,足不出户就可以身临其境地体验传统工艺的制作,并且可以体验全国不同地域的手工技艺,从而让烦琐枯燥的制作工艺流程变得直观、生动、有趣。传统工艺的传承并不是完全回到以前原生态的生产方式,更重要的是要继承"匠心精神",AR、VR技术所带来的直观可视化,让体验者能够跨越时空感受到"匠心传承"的魅力。现代科技的介入,为传统工艺的传承提供了新的途径。

(四)突出传统工艺与社会的融合,构建科学的传统工艺现代传承体系

在当代多元文化的影响与冲击之下,许多传统工艺的发展规模受到限制,其原因是多方面的,技艺传授模式较为单一是重要原因之一。部分传统工艺的成功实践也表明,要改变这种单一的模式,构建科学的传统工艺传承体系,才能更加有效地促进传统工艺的发展。科学的传统工艺传承体系既要有核心、有力量,也要有梯度。传统工艺传承体系的构建既要有重点,也要有广度。有重点就是要把工匠、艺人等传承人(群)作为保护与发展的核心力量;有广度是指既要保护、扶持相对少数的传承人,还要关注传承集体、传承人群;在做好重点保护、典型扶持的同时,还要进一步关注广大的受众群体,在不同群体中做好普及宣传与推广,不断扩大受众队伍,增进

对传统工艺的认同。

一是培育传承人，打造传承团队。传统工艺保护的首要任务是传承人活态化传承，因此，发掘新生代的传承人成为传统工艺保护的重要一环。传统工艺的技艺流程具有技巧性、复杂性及艺术性等特征，均对传承人提出了较为严格的要求，新生代传承人必须经受长期的严格训练和实践锻炼。同时，仅凭传承人的个人力量，也很难实现传统工艺的传授、传承与创新。因此，要着力打造以传承人为核心的培养、传承团队，依据年龄、技艺水平、特长爱好、分工等制定人才培养模式，构建科学、合理的人才队伍，进而使传统工艺持续焕发出强大的生命力。

二是融入地方教育，汇聚人才资源。将传统工艺融入地方中小学与高校课堂，特别是将各地富有特色的传统工艺融入青少年研学活动和大学生假期支教活动。通过传统工艺与地方教育的互动，可以丰富学校课堂教学资源，使教师和学生都成为其最直接的传授对象，极大地拓宽其受众面。同时，也有利于汇聚起更多的新生代力量，进一步拓展传统工艺研发团队，培养潜在的未来市场。学生通过参与活动也可以寻找发展的方向，通过校企合作的模式共同培养传承人和传承团队。整体上讲，将传统工艺融入学校课堂，有利于扩大学生、教师群体对传统工艺的认知，对弘扬优秀传统文化起到积极的促进作用。

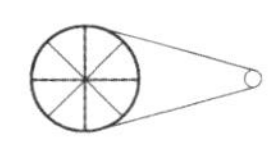

三是通过传统工艺工作室、社区活动中心等打造活态化体验平台。传统工艺是面向人民的，群众是最好的受众之一。而社区是最基层的组织单位，面向广大人民群众，应该充分发挥社区的作用，由社区牵头，帮助传承人及其团队或其他相关研究人员打造本区域的传统工艺工作室，利用社区活动中心，建立活态体验馆。传承人以面对面、手把手的方式亲自教授，引导广大人民群众深入了解传统工艺，特别是深入了解并体验非遗类的传统手工艺项目，并进一步掌握其基本技艺，参与未来的相关传承活动，真正感知传统工艺所蕴藏的优秀传统文化之美。

（五）突出传统工艺与经济相融合，实现多元化发展

传统工艺作为人民群众智慧的结晶，只有将其与社会经济发展深度融合，才能实现创新发展、多元发展。

首先，传统工艺文化与现代新型旅游业深度融合。随着人民群众物质财富的日益增长，对美好生活的需求越来越多样化，旅游也已经突破了传统意义上的景观游、城市游，逐渐发展为自然、城市风光欣赏与历史、文化熏染相结合的综合游，年轻人则更加青睐各种深度游、主题游。当前，传统工艺与旅游业的结合，重振了部分地区的传统工艺，很多几近消失的传统手工技艺由于旅游文化产品、文创产品的开发设计而再次走入市场，不仅使得传统工艺得到了再现与重生，而且促进了各地域、各民族工艺文化的发展，对地方经济的发展起到了积极作用。与此同时，在不同的地区开展的多种具有文化特色的旅游项目，既有趣味，也有内涵，更加有效地推广了传统工艺产品，传统工艺所蕴含的文化内核也更加深入人心。近年来，各地都大力开发旅游业，出现了一些国内外有一定影响力的文化旅游项目，蒙古族那达慕、傣族泼水节等少数民族节日都成了少数民族地区文化旅游的特色主题。

其次，传统工艺由单一的技艺文化向文艺领域拓展。当前，人民群众对文化和精神生活等方面的产品需求逐渐增多，一大批传统工艺及其作品在博物馆、艺术馆等场所展览，使人们不仅得到了视觉上美的享受，也受到了传统文化的熏陶。如在各省级博物馆、市级博物馆都开设了当地传统工艺展示场馆，部分生产企业还设立了自己产品的陈列馆和活态体验馆，各民族地区开设了民俗风情博物馆。在博物馆、体验馆、艺术馆、大剧院里，部分传统工艺产品实现了创造性转化，深入挖掘了优秀传统文化元素，并塑造成新的工艺作品，推动了传统文化的传播。

再次，传统工艺文化向数字传媒领域延伸。过去，如果我们要了解传统工艺产品，欣赏传统工艺之美，途径非常单一，只能到制作现场实地观察、访谈，渠道的不畅通与单一性阻碍着我们对传统工艺的感知。近年来，数字媒体技术对文化的传播发挥着重要作用，越来越多的传统工艺通过数字媒体技术走入了寻常百姓家。一大批文化综艺节目以及网络电视作品让普通老百姓感知到了精深的传统工艺和传统文化，《大国工匠》《国家宝藏》《如果国宝会说话》等节目掀起了中国人学习中国传统文化的热潮。与此同时，传统工艺所承载的精神内涵也逐渐成为支撑新媒体、新文化产业发展的重要力量。

随着现代工业文明的发展，古老的织机日渐消失，多数传统织造技术一般只在经济欠发达、交通闭塞的地区得以保留。在大部分地区，传统纺车织机更多的只是作为文化体验的对象，传统纺织技术的传承与发展必须立足当下，实现传统工艺的现代发展。

潞绸，作为泽潞地区的传统丝织品，凝聚了当地人民的审美情趣和生活感情，体现了泽潞地区长期以来形成的独特地方文化，是非物质文化遗产的重要组成部分。时代在变迁，现代社会中潞绸生存的社会、文化、经济等土壤与传统农耕社会完全不同，传统潞绸织造工艺已经濒临消失。因此，如何在国际化的进程中保护和传承潞绸这一传统纺织工艺以及传统科技文明，如何在文化不断变迁的时代更多地保护和传承潞绸所承载的优秀传统文化，已经成为我们所共同关注的重点。只有不断理清其织造主体、消费主体的变迁，对当下产品生存与发展的社会环境做出客观、理性的分析，深入挖掘传统潞绸所蕴含的文化内涵，将传统的潞绸图案通过不同的技法融入现代纺织产品，并不断开发相关的文化产品，才能实现潞绸的传承发展与创新超越。

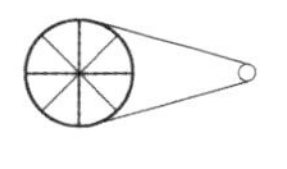

参考文献

[1] 赵丰. 中国丝绸艺术史[M]. 北京:文物出版社,2005.

[2] 朱新予. 中国丝绸史(通论)[M]. 北京:纺织工业出版社,1992.

[3] 乾隆高平县志[M] // 中国地方志集成:山西府县志辑. 影印本. 南京:凤凰出版社,2005.

[4] 中国社会科学院考古研究所. 定陵掇英[M]. 北京:文物出版社,1989.

[5] 胡谧. 山西通志[M].北京:中华书局,1998.

[6] 张正明,薛慧林. 明清晋商资料选编[M]. 太原:山西人民出版社,1989.

[7] 同治高平县志[M] // 中国地方志集成:山西府县志辑. 影印本. 南京:凤凰出版社,2005.

[8] 沈思孝. 晋录[M]. 上海:商务印书馆,1936.

[9] 乾隆潞安府志(一)[M] // 中国地方志集成:山西府县志辑. 影印本. 南京:凤凰出版社,2005.

[10] 徐月文. 山西经济开发史[M]. 太原:山西经济出版社,1992.

[11] 杜正贞,赵世瑜. 区域社会史视野下的明清泽潞商人[J].史学月刊.2006(9):65-78.

[12] 胡平. 遮蔽的美丽:中国女红文化[M]. 南京:南京大学出版社,2006.

[13] 傅淑训,重修.郑际明,续修.马甫平,点校.(万历)泽州志:上中下[M]. 太原:北方文艺出版社,2009.

[14] 张保丰. 中国丝绸史稿[M]. 上海:学林出版社,1989.

[15] 薛景石. 梓人遗制图说[M]. 郑巨欣,注释. 济南:山东画报出版社,2006.

[16] 赵承泽. 中国科学技术史:纺织卷[M]. 北京:科学出版社,2002.

[17] 宋应星. 天工开物[M]. 潘吉星,注译. 上海:上海古籍出版社,2008.

[18] 陆敬严,华觉明. 中国科学技术史:机械卷[M]. 北京:科学出版社,2000.

[19] 李云,李晓岑. 云南少数民族传统织机研究[J].广西民族大学学报(自然科学版).2008(1):21-25.

[20] 陈维稷. 中国纺织科学技术史:古代部分[M]. 北京:科学技术出版社,

1984.

[21] 钱小萍. 中国传统工艺全集:丝绸织染[M]. 郑州:大象出版社,2005.

[22] 安新鲜.高平民间刺绣[M]. 北京:北京工艺美术出版社,2011.

[23] 老子孙子兵法[M]. 饶尚宽,骈宇骞,译注. 北京:中华书局,2010.

[24] 徐克谦. 中国传统思想与文化[M]. 桂林:广西师范大学出版社,2007.

[25] 高丰. 中国器物艺术论[M]. 太原:山西教育出版社,2001.

[26] 宗凤英. 故宫博物院藏文物珍品大系:明清织绣[M]. 上海:上海科学技术出版社,2005.

[27] 《续修四库全书》编纂委员会. 续修四库全书·六四四·史部·地理类(清光绪)曾国荃等修山西通志卷(卷 98—131):风土记[M]. 上海:上海古籍出版社,2002.

[28] 顾炎武. 肇域志[M]. 上海:上海古籍出版社,2004.

[29] 袁宣萍,赵丰. 中国丝绸文化史[M]. 济南:山东美术出版社,2009.

[30] 祁志祥. 中国美学通史[M]. 北京:人民出版社,2008.

[31] 庄孔韶. 人类学通论[M].太原:山西教育出版社,2007.

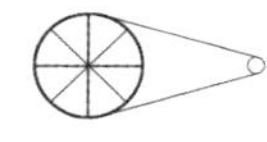

[32] 温泽先,郭贵春. 山西科技史[M]. 太原:山西科学技术出版社,2002.

[33] 胡谧. 山西通志[M]. 北京:中华书局,1998.

[34] 乾隆长治县志[M] // 中国地方志集成:山西府县志辑. 影印本. 南京:凤凰出版社,2005.

[35] 殷登祥. 科学、技术与社会概论[M].广州:广东教育出版社,2007.

[36] 郭鉴. 吾地与吾民:地方文化产业研究[M]. 杭州:浙江大学出版社,2008.

后记

2008年,我有幸师从东华大学杨小明教授攻读博士学位,四年时光,奔波于山西、上海之间,行走在潞绸的产地——山西省高平市、晋城市、长治市一带,心无旁骛地投身于潞绸传统文化研究。潞绸传统织造的老艺人、地方文化的潜心研究者、现代潞绸执着的坚守者,与这些人无数次的交流、思想的碰撞与升华,留给我很多记忆。

2022年,在本书即将完结之际,我又一次来到高平市——潞绸文化传承与发展之地,再次感受潞绸的魅力。此时的潞绸已与十年前有很大不同,产品、规模都有了较大提升。十年光阴,潞绸的发展经历了太多,承载了无数潞绸人的心血与热情。2014年,潞绸织造技艺被列入国家级非物质文化遗产名录。2019年,潞绸文化园入选第三批国家工业遗产,潞绸已然成为展示地方文化的重要名片。行走在潞绸文化园,传统的厂房、现代的咖啡馆、丝绸文化展馆……折射出文化的积淀与融合。

文化是一个民族最深沉的积淀,丝绸文化作为中华优秀传统文化的一部分,未来潞绸的研究还可以从以下几个方面展开:一、从技术传播的角度,以潞绸为核心,对晋冀豫三省的纺织技术进行深入、系统的研究,使其成为区域技术扩散、技术转移的典型案例。二、从工业遗产保护的视角,以潞绸为代表,探讨山西省纺织工业遗产的保护。三、围绕传统文化的传承,以潞绸为例,探讨传统工艺与现代技术的融合，为传统工艺寻找生存与发展的空间，实现传统工艺的传承与再发展。

感谢东华大学杨小明教授对本选题的长期指导，感谢中国科学院自然科学史研究所张柏春研究员和关晓武研究员的鼓励与提携，是他们给予了本书最终面世的机会。

最后，向所有关心、支持、帮助过我的老师、同学、家人和朋友表示深深的感谢！

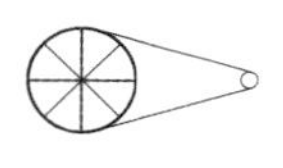